中國建築藝術全集編輯委員會 編

中國美術分類全集

中國建築藝術全集

2

宮殿建築（二）（北京）

《中國建築藝術全集》編輯委員會

主任委員

周干峙　建設部顧問、中國科學院院士、中國工程院院士

副主任委員

王伯揚　中國建築工業出版社編審、副總編輯

委員（按姓氏筆劃排列）

侯幼彬　哈爾濱建築大學教授

孫大章　中國建築技術研究院研究員

陸元鼎　華南理工大學教授

鄒德儂　天津大學教授

楊嵩林　重慶建築大學教授

楊穀生　中國建築工業出版社編審

趙立瀛　西安建築科技大學教授

潘谷西　東南大學教授

樓慶西　清華大學教授

盧濟威　同濟大學教授

本卷主編

茹競華　故宮博物院研究員

攝　影

楊洪剛

繪　圖

劉　榕

凡例

一 《中國建築藝術全集》共二十四卷，按建築類別、年代和地區編排，力求全面展示中國古代建築的成就。

二 本書爲《中國建築藝術全集》第二卷『宮殿建築（二）（北京）』。

三 本書詳盡展示了北京明清故宮的杰出建築藝術成就。全書圖版按北京明清故宮的外朝三殿、内廷三宮、東六宮、西六宮、御花園、宮内小品和綠化、寧壽宮等次序編排。

四 卷首載有論文《北京明清故宮建築藝術概論》，概要論述了北京明清故宮的總體布局、單體建築設計、軸綫空間序列，以及多種藝術手段的利用。在其後的圖版部分精選了一百八十二幅北京明清故宮照片。在最後的圖版説明中對主要照片做了簡要的文字説明。

目錄

論文

圖版

圖版説明

北京明清故宮建築藝術概論

北京故宮又名紫禁城，在明朝永樂十八年（一四二〇年）建成，一直沿用到清朝覆滅（一九一一年），歷經近五百年的擴建重修，形成了今天的景象。它的單體建築平面、立面、結構、裝飾以及總體的平面布局和豎向高度設計都鮮明地呈現中國建築的特徵。尤其是將單體建築組合成龐大的群體建築，空間組織轉換豐富，創造出種種藝術意境，完美地表達了宮殿整體立意要求的森嚴、肅穆、神聖、崇高，也包含了帝后們居住要求的各種優越生活情趣，因而成爲保存至今能完整全面地體現中國宮殿建築藝術傳統的實例。

一　總體布局

北京明清宮殿建築布局的明顯特點便是以單座建築爲基礎，分散排列，組合成建築群（圖一）。這種形式自古有之，在漫長的歷史過程中有改進發展，但從古代到明清，始終沒有根本性的變化。

隨著人們居住條件的提高，生活方式逐步豐富多樣，對宮殿建築的功能與實用提出了更高的要求。但是中國始終沒有像歐洲及現代建築那樣，采取室內廊道互相聯結，向樓層發展，組合成一棟高大的建築物。形成這種現象的原因有許多，但歸納起來，不外乎建築材料、結構技術等客觀條件的限制及需求上的主觀原因。

爲了說明這個問題，首先不妨把中國和歐洲的古希臘、古羅馬及後來意大利、法國建築的發展道路作一粗略的比較。

公元前五世紀時，全希臘的盟主在當時的文化、政治中心雅典建設了雅典衛城，包括

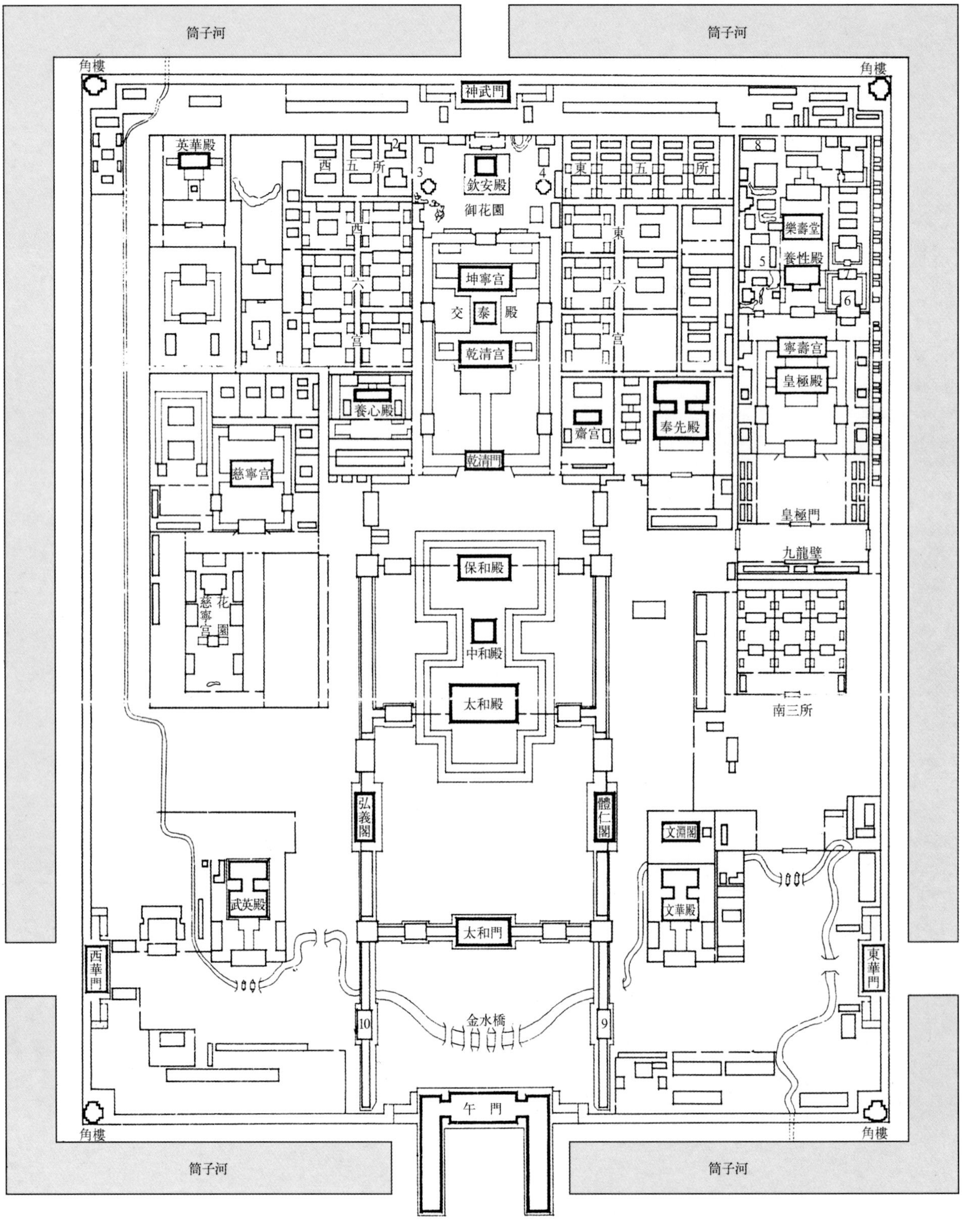

圖一　紫禁城總平面圖

1—雨花閣；2—漱芳齋；3—千秋亭；4—萬春亭；5—寧壽宮花園；

6—暢音閣戲樓；7—閱是樓；8—倦勤齋；9—協和門；10—熙和門

有山門、數座神廟等。公元前三世紀至公元一世紀古羅馬最繁榮時期，在羅馬城的中心相繼建了幾個廣場，設有神廟、講演的敞廊、議事廳等等，成爲全城政治和經濟活動中心。此外，城市中的會堂、劇場、公共浴室、旅館、圖書館、俱樂部等公共建築也陸續增加，并逐漸形成了自己的體系。此時約相當于中國東周末期至西晋時期（公元前七七〇至三一六年），從《周禮·考工記》中有關城市建築的叙述，説明當時中國都城的中心是王城，都城因王城而建，没有爲公共活動專建宫室的記載。

公元十世紀後西歐的修道院、教堂代表了當時建築的最高水準。十二至十五世紀時的法國教堂已成爲城市公共活動中心，它的功能是市民大會堂、公共禮堂、市場和劇場。由于公共建築要求屋面能覆蓋大而通敞的空間，于是減少柱墻支撑物，增加結構跨度成了建築技術探索的方向。直到文藝復興時期（十五至十六世紀），著名的楓丹白露宫（一五二八年）、盧浮宫（一五四三年）纔相繼建造起來。此時期約相當于中國明代（一三六八至一六四四年）。中國歷代皇帝都很重視宫殿及皇家御用建築的營建，在宫廷設有專管營建的官員，以營建大量宫殿工程及製定禮制、區分等級，所以記載中，宫殿及皇家的陵寢、廟觀、禮制建築，仍然是建築成就最高水準的代表。

中國的木結構一直是停留在擡梁式及穿斗式，没有形成三角組合的木桁架，受木材自然條件的限制，開間不可能太大，因此建築規模的擴大是通過『間』與『座』的數量增加取得的。現存木結構建築面積最大的如故宫太和殿，明間面闊八·四四米，跨度最大的七架梁爲一一·一七米，而羅馬在二世紀時木桁架跨度已達到二十五米，這不能説不是中國木架結構的缺欠。

十九世紀中葉，資本主義在歐洲迅猛發展，需要大面積大跨度的室内空間與快捷的施工方法，于是各種新材料、新結構方式、新構造及施工方法應運而生。産生了以柱網作爲平面的布局基礎，采用模數制設計，預製構件的施工方法。這樣一來，却和中國傳統建築系統的原則很相似。這裏不去探討中國傳統『框架』式結構如何先進，是想説明中國的建築史有它自己的發展路程及成就，另外也説明，儘管中國的傳統做法不變，同樣可以取得大面積的建築物，譬如將一棟房子的面闊延伸，進深增加，房頂做成勾連搭式等。同治修圓明園的燙樣中已見到此種設計手法。綜上所述，建築史的發展説明，衹要是社會對建築提出新的需要，與之相應的材料和技術便會應運而生，不會長期落後于需要停滯不前。所以中國宫殿采用分散獨立的單棟建築，顯然不是因爲建築材料和結構技術落後所致，是因爲從來没有發展過爲公衆活動而建的大空間建築，而宫殿又没有集中成大體量建築的要求。當然這主要是由于長期的封建社會及重承傳的文化特點造成的。具體分析有以下幾個原因：

突出皇帝的特殊地位，主次分明，分散布局是最好的表達手段

中國的『天人合一』思想把天、地、人看做統一整體，帝王是上天之子，受命治理人民，在人間其上再無更高的神權，于是也就有了與臣民截然不同的最高地位。獨立坐落在紫禁城中軸綫上的太和殿、乾清宮，一觸目就令人感受到它的絶對尊嚴，因爲這是皇帝專用的宮室。如與歐洲最宏大、最輝煌的凡爾賽宮相比，儘管凡爾賽宮中國王的卧室位于主要庭院的中央部分，居于顯赫地位，但是在龐大的兩翼建築中，它僅僅占據很少部分，顯然在這個意義上紫禁城的布局更爲有力。

宮廷内不需要大空間的公共建築

早期帝王的許多活動是在露天舉行，可能與當時生産力低下、房屋不多有關。雖然後來建造房屋不再是十分艱巨的事，但爲了强調人與自然和諧，把皇帝賢政、親政之心通達到天，使天帝知情，也爲了承襲祖制，有些朝會、祭祀的場所仍然是以露天爲主，僅是皇帝、被祭的神位等在殿堂内。因此建築内部不需要容納衆多的人，高大的殿堂實際是爲了壯觀瞻，不一定有許多人聚其中。以太和殿爲例，按記載來看，大典禮時僅中間約三分之一的地方被皇帝及掌禮儀的少數特准的官員、禁衛占用，其餘的地方是空著的，在宴會時臨時擺放宴席，事後撤去。

體現中國『禮制制度』中的方位等級秩序，宮殿建築必須采取分散布局

方位在中國禮儀中具有很重要的地位。皇帝無論在什么場合都要居中面南，文官在東，武官在西，皇后寢宮在皇帝寢宮之北名北宮，又有東西六宮等，一般説來不可任意更換，否則便是違背禮儀制度。不需要標志，一看便知大體是什麼人住在那裏。這樣嚴格的方位要求，采用集中式建築布局是很難做到的。

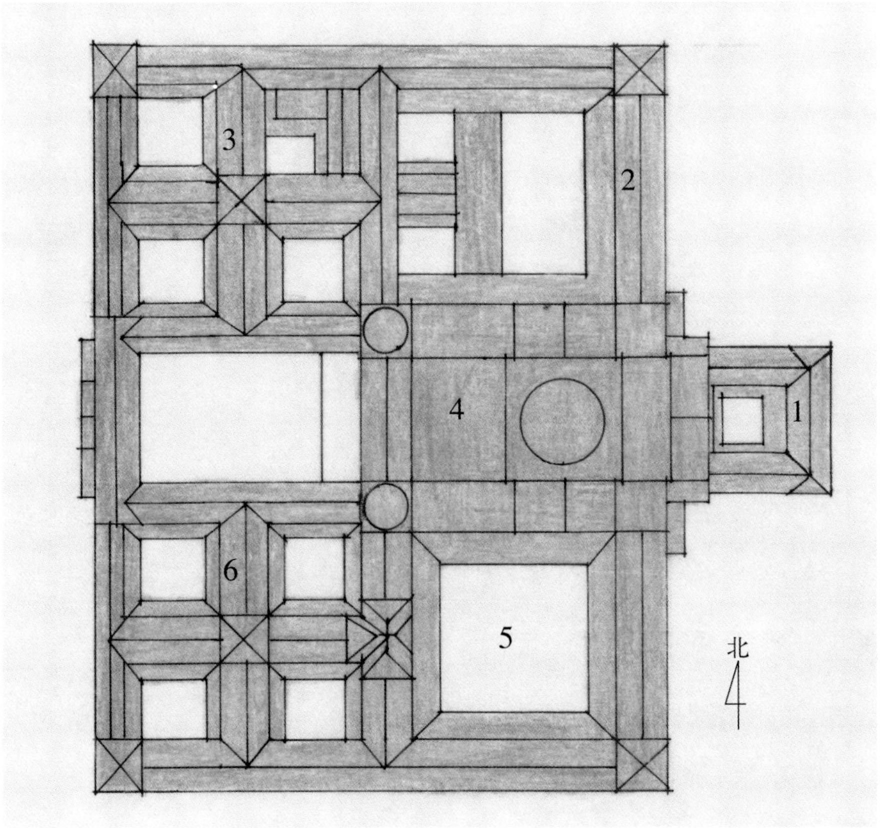

圖二　埃斯庫里阿爾宮殿屋頂示意圖

1—皇帝居住部分；
2—政府机關；
3—神學院及大學；
4—教堂；
5—庭院；
6—修道院

中國封建宗法意識，嚴厲的宮闈禁令，決定了建築難以采用集中式布局

分散布局可以按位置序列安排各個不同功能的建築，再以圍墻封閉，徑路連接，保持各自的完整、獨立，以充分體現內外有別、長幼有序的倫理觀念。君臣舉行朝會大典的外朝與皇帝及家族起居生活的內廷截然分開。清代的皇后祇有在大婚時從外朝進入內廷，此後再也不會到三大殿，就是慈禧垂簾聽政，也僅在內廷範圍內的養心殿。西班牙的馬德里埃斯庫里阿爾大殿（Escurial,圖二），顯然也是由四合院組成的，祇是建築是樓層，院與院是連通的，皇帝居住的院落雖然位于突出的一端，但試想如果中國的皇帝住在這裏，如果區別內外，又如何做到男女、長幼、上下、尊卑不在非規定的場合中相遇。這個試想雖然并無實際可能，但却說明宮殿建築和宮廷禮儀典章制度有不可分割的關係。

從表面看，分散布局似乎有些原始，其實記載中秦的宮殿就是以飛閣、複道將分散的各宮殿聯合在一起，秦始皇往來其間，外人見不到他的出没。根據秦咸陽宮一號遺址的復原圖來看，它是由一座高臺分上下兩層，集卧室、閣道、迴廊等大小各异，用途不同的房間組合而成。唐代的大明宮麟德殿，集殿堂、閣樓、亭廊等爲一體，用于皇帝宴請大臣、觀看舞伎、做佛事等，面闊十一間，進深十七間，面積約爲太和殿的三倍。但在明清紫禁城中類似這樣的建築却一處也找不到。如果文獻記載及考古復原圖無誤的話，那麼形成這種現象的原因何在？最大可能便是因爲禮儀典章制度經不斷地補充、發展，繼而程式化。爲適應禮制的要求，整個建築形制充滿禮的内容甚至成爲它的化身，居住生活完全服從于禮制，被禮的要求所規範，正如許多古代的宮殿是從禮儀上得到綫索的。如《禮記·玉藻》：『君，日出而視之，退適路寢而聽政』。因此得知路寢是帝王的正寢，又『適小寢釋服』說明王另有休息處是燕寢。

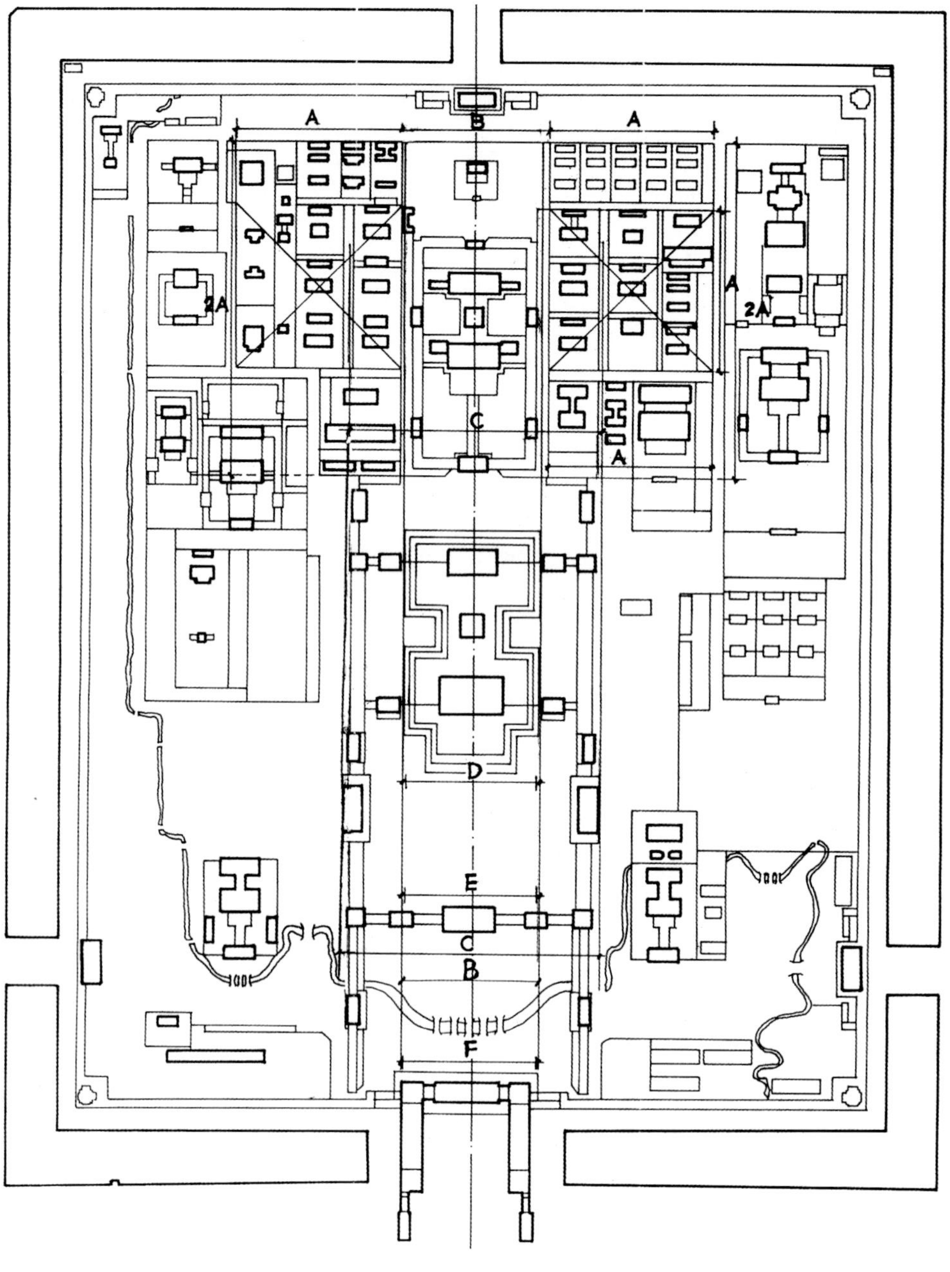

圖三　紫禁城總平面分析圖

A=158m　B=135m

C=240m　D=127.7m

E=127m　F=133.6m

清代雍正皇帝居養心殿，將前後兩殿聯結成『工』字形，前面聽政，後面寢居，大大方便了皇帝的生活，其後直到末代皇帝均居住于此。晚期西六宮打通宮墻，增建穿廊等等，説明後來的皇帝也力圖突破傳統的禁錮，追求方便適用的空間環境，不過這在紫禁城内是微不足道的，無損大局的變動。思想文化支配人的意識行爲，單棟分散的布局是中國傳統禮制思想及倫理觀念在宮廷建築上的集中反映。

關于宮城的規模：『按三禮儀宗（二），天子宮方一千二百步，三分二爲路寢之前，一爲路寢之後，五門之間合八百步爲三朝，皆方百步，故用市朝皆百步，路寢以後四百步爲寢宮。』將紫禁城和三禮儀宗中所述的尺度比較，除外朝比内廷占宮城面積大外，其他幾乎都不相符。

《周禮·考工記·王城》中叙述的王城，以經緯途爲坐標，方格網的規劃系統，藉鑒井田制中的『夫』爲基本網格尺寸，『市朝一夫』是按朝儀和射儀所需場地規定的，這是奴隸制經濟制度的反映，明清時期朝儀有所改變，射儀也不在外朝内廷的殿前舉行。所以兩者失去相比的意義。但模數網格的傳統設計方法仍然可見（二）。

内廷『兩殿一宮』的東西，各有一片方地約一五六米見方，規劃成九宮格形式（圖三）。古井田制，明堂九宮都是在正方形內縱橫各分三格。爲符『後立六宮』之説，東西六宮每宮占據一格，僅用其中的六格。如將『九宮格』的東西界限向南北延長至乾清門影壁南墻及北五所北墻，其長度爲『九宮格』邊長的兩倍，就是乾清門至御花園，內廷所占的空間的長與之相等。內中東西六宮的承乾宮、永和宮、翊坤宮、長春宮和中央的坤寧宮位于同一條東西橫綫上，坤寧宮略向北退。內廷所在的空間寬度，也就是兩九宮格其一的西墻和另一東墻之間（相距約一三五米），兩墻向南的延長綫和其間以三臺最低一層的基座（欄板中綫 到中綫長一二七·七米）、太和門兩側昭德、貞度門的中軸綫（相距約一二七米）、午門基座東西（寬一二三·六米）連成的南北綫相接近；再向東西展寬，由東、西六宮間的東、西二長街向南的延長綫，和外朝東西廡房後檐基座基本一致。由于東西朝房的基座不是一條直綫，有出有進，以體仁閣、弘義閣最靠外，考慮到圖紙的誤差，以及基礎位置等諸多因素，不敢斷言重合，也不一定重合，但肯定是相關的關係。在這個範圍內，建有宮城中的最主要宮殿，也應是規劃的重點。其外的空間從東六宮所在的九宮格方形地段東墻至城東墻內皮，和西六宮所在的方形地段西墻至城西墻內皮相等，和內廷東西寬基本相等。經明清兩代的改建，擴建多而有變化，但仍保持以中軸綫前朝後寢爲中心，圍繞中心建有皇室成員居住，王宮大臣辦事及爲宮廷服務的機構，形成現在的布局，主次分明，脉絡清晰，工整而不呆板，重復而不枯燥。

二　單體建築設計

分立的單棟建築是組成北京故宮的基本單元。其特徵是平面呈矩形，由屋頂、梁柱外檐裝修、臺基三個主要部分組成。四柱支撑屋架構成一間，又由一間或數間組成一座建築。唐代詩人杜甫『安得廣廈千萬間，大庇天下寒士儘開顔』。『間』是中國人計算房屋的基本單位。

中國地域遼闊，自然條件差异很大，但是除少數地區外，多數都是木結構建築。衹是因地制宜，因材致用，創造出不同風格的房屋。北京故宮的建築是以石或磚臺基、木構架結構、瓦頂、磚墻爲基本構造的宮室式房屋，適用于中國長江流域以北地區，也可以説是中國宮殿建築正統的形式。

每座宮殿建築法式的要求十分嚴格。在宋代有《營造法式》，清代有《工程做法》，均嚴格規定了官式建築設計、預算的製作。這兩本書的共同點就是依據『材分』或『斗口』做『模數』，以決定各構件的尺寸及形象。所以祇要是同等級建築都很相似，祇有從木構造細部模數的不同中纔能找出差別。紫禁城建于明永樂十八年，由于屢遭灾害，清代又重建、擴建、改建了許多。明代没有頒布營造工程的官書，但從現存建築的實測及維修工程所見，無疑仍然是承襲宋以來傳統的做法并摻進了明代的特點，更由于清初承辦官工的匠師們多係明代即開始爲宮廷服役，其間承傳明工程遺制的特點十分明顯。本節對實例的探討祇著重目前存在實物的造型，不涉及斷代問題。

平面

平面是建築物的基礎，它決定具有實用功能的空間及外觀造型。故宮的中軸綫及衆多宮院内的主體建築可以説全部是矩形平面，從通面闊與總進深之比來看（柱中距），太和殿約爲一・九比一；保和殿、乾清宮、坤寧宮分别爲二・一比一、二・四比一、二・八比一，體仁閣與弘義閣爲三・七比一。又如在文華殿區内，文華門、文華殿、主敬殿、東西配殿分别爲二・五比一、二・一比一、三比一、三・五比一。這些數字説明通面闊與總進深之比，因宮殿使用功能及重要性的不同而异，在統一中又有變化。太和殿是皇帝舉行大典時所在的場所，除建築面積大以外，室内進深也大，所以兩者比值是最小的（中和殿、交泰殿是方形，長寬比爲一比一）。乾清宮是皇帝的寢宮，地位高于坤寧宮，兩者面闊接近，但前者比後者進深大。在太和殿和乾清宮的寶座前必須留有一定足夠的空間距离，纔能顯示皇帝可望而不可及的崇高。在文華殿院内，其中文華殿是主要建築，爲舉行經筵時皇帝與講官所在場所，也是室内空間最深的。東西配殿爲膳房等，其進深是最淺的。這裏不再多列枯燥的數字，其他許多殿座平面的長短邊之比都説明，一般具有典禮禮儀功能的前殿比起居生活的後殿進深大，以取得足夠安排活動的空間，同時進深大屋頂也高，建築外形厚重魁偉，也是等級高的標志之一。

大量平面相似的建築聚集在一起，是否會産生呆板單調之感？這裏首先要瞭解中國傳統的藝術思想。中國繪畫講究『意在筆先』，不僅在乎『形』，更要求『气韵』，一幅畫應當是以形傳神，『形之于神，不得相异[三]』，纔能表達完美的境地。和建築有直接關係的風水著述中有關形勢的述説所謂『勢爲形之大者，形爲勢之小者，……形即在勢之内』，更可以説明個體與總體建築設計之間相互統一融會的關係。這就不難理解紫禁城個體建築設計的指導思想。第一，作爲皇帝的宫殿，它所要求的建築風格是威嚴和莊重，而非以建築的情趣多變引人入勝。如果設計的建築式樣繁多，各自標新立异，那將像清代所建的圓明園，而不是明代建的紫禁城。端端正正的矩形建築，規矩整一的排列，使人在壓抑感之下激發崇拜之情，恰好表達了它的整體立意，也就是威嚴莊重。第二，將整座宫城作爲一件完整的藝術品考慮。試想七十二萬平方米的場地上放置上千座的單棟建築，如果處理不當，很容易産生支離破碎，雜亂無章之感。利用形狀相近的手段，爲取得整體的統一奠定了基礎。再加上結構一致，色彩調和，相輔相成，如同一氣呵成而無斧鑿拼湊之痕，表現中國古代處理龐大建築群所取得的非凡成就。

當然，它也不是盡善盡美的，追求規則統一，確也帶來了缺乏生動情趣之憾。這從清代改建、新建的宫殿可以看出，譬如改建後的西六宫比保持明代原狀的東六宫活潑得多，尤其乾隆時所建築的寧壽宫及其西花園，房屋之間以迴廊連接，花園也不再是御花園式的對稱布局等等。這些建築均建在内廷，不但没有改變紫禁城的基本面貌，反而起了錦上添花的作用。

立面

面對一座宫殿，首先的觀感是總體形象如何，雖然總體形象是由各個局部滙合而成，但一般不會先欣賞窗花如何精美，彩畫如何絢麗，而是整體是否悦目。用中國風水形勢之説，『勢居乎粗，形在乎細』。宋郭熙《林泉高致集》所謂『遠望之以取其勢，近看之以取其質』。人們的視覺在從上到下，從左到右的瀏覽中，建築的比例是否得當，是否均衡協調起著决定性的作用。

宫殿建築是由屋頂、梁柱、臺基三大部分組成，這三部分的比例關係是形成建築總體形態美的重要因素。

比例

從立面圖上看，重檐歇山頂的太和殿，由脊上皮至下層檐椽下皮以上約占總高（自脊

圖四　保和殿

圖五　西六宮體元殿捲棚懸山屋頂

圖六　東六宮硬山頂

上皮至室外三臺臺面）百分之六十四・六，下層檐椽下皮以下至臺基約占總高的百分之三十一・三，臺基約占百分之四・一，乾清宮的重檐廡殿頂由脊上至下層檐椽下皮以上約占總高的百分之六十四・一，下層檐椽下皮至臺基約占總高的百分之三十一・七，臺基約占百分之四・二，兩者的比例很相近。單層檐的文華殿屋頂占總高的比例也大于梁柱部分，以上的分析是按立面圖測算出來的。但是在人們的視綫中很少有機會見到立面圖所示的正投影。所以這樣的比例是否得當，要從人們實際觀看建築物形象來回答（圖四）。

屋頂

大屋頂是中國木結構帶來的不可避免的特點。由于承擔屋面荷載，層層叠加的木梁架必須有藏身之處，而且建築面積越大屋頂越大，如何處理這巨大而笨拙的實體，宮殿建築采用了以下幾種做法：一是將坡屋頂做成凹曲面。上部陡峭下部平緩，擡梁式屋架也正便

圖七　東華門值房懸山屋頂及下馬碑

于曲屋面製作。如《考工記・輪人》中所述車蓋的特點『上欲尊而宇欲卑，上尊宇卑吐水疾而遠』。而且可以『激日景而納光』〔四〕。曲面坡頂利于雨水宣泄，遮陽納光，而翼角翹起，如翼斯飛的姿勢，又減輕了屋頂的沈重感。二是面積大而地位重要的殿堂做成『重檐』。在主體屋頂的下邊，檐柱之間圍一層腰檐，形成兩重檐，解決了用一個屋頂屋蓋過大，屋檐過低的問題，而且也可以加强結構的穩定性，這樣減少了屋頂的笨拙感。三是在屋頂構造上容易泄漏，需要加强遮掩的地方，安裝富有裝飾性的構件，如吻、脊、小獸、檐頭的釘帽、滴水等，衝淡了屋頂的單調感。四是屋頂的變化，有廡殿，歇山，又有單檐、重檐、硬山、懸山以及捲棚等等之分。廡殿頂脊端的曲面和正脊的延長綫約成五十度以上夾角，遠望脊端的曲綫在視覺上似乎相交于無垠的藍天上，使人産生崇敬之情。歇山頂令人覺得端莊凝靜。捲棚頂可以使屋頂高度減少。如建福宮的捲棚歇山頂，頂高約占總高的百分之四十五，梁柱部分爲百分之四十八，頂高度小于梁柱部分高度，形成比較靈巧的外形，這種方式一般多用于花園建築（圖五）。至于懸山、硬山（圖六、圖七）多用于等級較低的房屋。屋頂式樣的不同，顯示出等級及使用功能的不同，也豐富了建築式樣，再因遠觀近賞，視角的變化，當我們面對宮殿時，大屋頂并没有造成建築頭重脚輕，比例失調之感，反而成爲一種魅力。

梁柱、外檐裝修

在屋頂下建築中部，從立面上露出的部分有梁、桁、斗栱、枋柱等木結構以及門窗等外檐裝修，雖然這部分僅占不到建築立面總高的二分之一，甚至三分之一，却是建築藝術精華所在。屋檐下的斗栱及立柱，在陰影中退居屋頂及臺基之後，透過立柱，後面是磚墻及門窗構成封閉的防護層，荷載由木梁承擔，門窗可以全部開啓，打開後僅留有的檻框，也成爲空透的了，此時室内外空間貫通一氣，好像是進行了一場空間變化的游戲。最後宮殿可以視爲以庭院爲露天大會場的主席臺，而這正是中國傳統在露天舉行大朝會所需要的場合（圖八）。

木材易受侵蝕，所以大木結構件的表面塗飾油漆保護。于是紅色的立柱，藍綠色爲主的彩畫，再加上閃著點點金光的貼金，黃色琉璃瓦的屋頂，白石或青磚砌的臺基，顯得色彩絢麗，也是宮殿建築的一大特點。

圖八　清光緒大婚圖中的太和殿

臺、臺基

臺基自古以來就是中國建築十分注意的部位。最初主要是防水、防潮的一項工程技術措施。歷史上的統治者曾以高臺建築競相誇耀，從單體建築的基座發展到整組建築坐落在層叠的高臺之上。雖然它的實用功能依然存在，而且高臺還可以起防護作用，但更重要的是可以使建築增强巍峨壯觀的效果，實際上也是中國建築對構造部分加以點綴，使之産生裝飾效果的手段之一。故宮仍然承襲了高臺建築的遺風。

從用料及式樣看，故宮内的臺及臺基可以分爲幾個等級。最高級的是三大殿所坐落的三臺。作爲太和殿本身構造部分的臺基僅占總高的十分之零點幾。臺基位于三臺上，三臺中心高八・一三米（臺邊高七・一二米），它將太和殿地面提高到建築總高的十分之三。三臺總面積約二五〇〇〇平方米，而三大殿面積之和約四二〇〇平方米，三臺使三大殿的占地面積擴大爲原來的六倍。三臺用雕刻有花紋的石料砌築和裝飾，并巧妙地安設螭首爲雨水泄口，造成千龍噴水的景觀，是三大殿巍峨壯觀、崇高華貴形象不可缺少的部分。

較爲普遍的是用工字形高臺將前後殿聯結在一起，再在前殿之前設一月臺，用白石及青磚砌成，間或安裝石勾欄。至于一般單座建築或連檐通脊的廡房，大多各自建在臺基上，或高或低，或華麗或簡樸，視環境的不同而設，用以增加個體建築本身造型的變化，也是組合空間氣氛的手段之一。

均衡

宮殿絶大部分是由三、五、七等單數開間組成，當中一間最大，例如太和殿明間的開間與柱高之比約爲一比一，一、二次間及梢間和盡間爲〇・七四及〇・七三比一，廊子爲〇・四八比一，建福宮明間約爲一・一六比一，兩次間約爲一・〇二比一，圍廊約爲〇・三三比一。這裏顯然是强調中心，兩側對稱以及利用廊子做有力停頓的手法，取得建築的安定均衡感。再加上視覺重點的中心是接近方形開間，檐頭額枋墊板都是横綫條，整體建築自然表現出水平鋪展穩定端莊的風格。

圖九　長春宮內欄杆罩

中國古典建築會與希臘、羅馬的神廟有十分相似之處，那就是一座建築明顯地分爲屋頂、梁柱和臺基三大部分。後來由于用料及結構的演變各异，產生很大差別。從理論上看，一座建築是由多方位的立面圍合而成的幾何形體，要求立面均衡完整，比例協調，輪廓清晰等等，都具有共同之處。但是創造建築美的具體造型有著不同的追求。歐洲流行石造的巨型建築，追求形式上的柱式、綫脚、裝飾紋樣的明媚悅目，融會雕塑、雕刻、繪畫等藝術手法，使用高貴的石材、晶透的玻璃及光亮的鏡面，尤其是文藝復興時期的教堂、官邸及宮殿，确實是富麗華貴，璀璨奪目。而中國的古典建築經歷了三千多年的歷史，直到封建社會末期的宮殿仍然未完全脫离甲骨文中宮室二字的基本形象，可以說太保守了，甚至有人將其與歐洲的建築相比，認爲太簡陋了，近于臨時建築。可是從另一方面來看，正是因爲它從没有失掉原始面目，一直是在古樸的基礎上經過不斷演變改進，力求做到成熟并標準化，施工建造方便。中國建築的木構架幾乎全部裸露，梁架、檁椽及其承托交結或稍加修飾，或明顯加點綴不予掩飾，功用昭然〔五〕。建築用的材料僅粗略加工，充分發揮材料本質的自然特色。利用虛實、明暗、形狀和色彩的效果，取得變化豐富的建築立面。將一座擁有衆多單體建築的宮城全面統一規劃，完美地表達整體立意的處理手法，確是體現出掌握了建築的設計原則和基礎理論，有些特點不正是近現代建築所追求的嗎？

室內分隔

木柱承重没有承重墻，室內劃分十分自由。根據使用情況大致有三種類型：（一）完全分隔：利用磚墻、木隔斷、隔扇等將空間在視覺上完全分開，有門出入，成爲封閉的空間，一般用在寢室。（二）半分隔：利用圓罩、八方罩、多寶閣或是隔斷上開圓形、方形大窗等手段，形成既有分隔又有視覺上聯係的空間，一般用在起居活動的房間。（三）虛擬式分隔：利用花罩、几腿罩、欄杆罩等裝飾構件將空間作虛擬式劃分，空間没有實質上的分隔，僅有界限上劃分的感覺，一般多作爲大面積房間的裝飾（圖九）。

禮儀性功能的宮殿

太和殿是皇帝大慶典時親臨的場所，通面闊六〇·〇一米，通進深三三·三〇米，室內面積約爲一六八〇平方米。如按現代的禮堂來計算，可設近千個座位，但殿內僅設皇帝一個寶座。室內分隔主要采用兩種方式，一是完全分隔，將東西兩端用磚墻隔成兩夾室，有門相通，這是保留古宗廟東西設夾室，安放遠祖神位的遺迹，門上用表示崇敬并帶有宗教色彩的毗盧帽爲裝飾。一爲虛擬式分隔，殿內共二十四根紅漆柱，將中間的六根做成蟠龍金柱，後設屏風，上有藻井，下有地平臺，左右及前方有陳設，中間設寶座，突出皇帝獨尊的地位，其他的地方是空的，祇有在宴筵時臨時擺放宴桌，事後撤掉（圖一〇）。

皇帝的寢宮

皇帝的寢宮乾清宮是皇帝的正寢，也是召見大臣議事之所。室內面積約五八〇平方米，中部以虛擬式的分隔劃分出放置皇帝寶座的空間，布置形式和太和殿相似，東西各用磚墻砌成暖閣，暖閣的後檐設仙閣，仙閣又用隔扇分爲小間，從樓梯上下，各小間內都安放皇帝睡眠的床。明代皇帝及清初順治、康熙曾居于此（圖一一、圖一二）。這樣的室內分隔和記載上周代的做法有些相似，即在一座有數間進深的大建築中，前檐的大空間是堂，後檐再分隔成小的室、房。

清代雍正以後的皇帝居養心殿。養心殿平面呈『工』字形，前殿召見大臣議事，後殿是寢宮，皇后及妃子隨皇帝召喚睡在這裏，前後殿間以廊連接。

前殿室內面積約二八〇平方米，中部是寶座所在，寶座後的屏風兩側設門通往後殿。東側用隔斷將次梢間隔開，原是皇帝召見大臣商議國事的地方，光緒時改爲皇太后垂簾聽政處，以一樘透雕喜鵲登梅花罩及欄杆罩分隔，簾前坐小皇帝，簾後坐慈禧。西部也用隔斷分開，原是召見軍機大臣的地方，向南又凸出一暖閣，用隔扇分開，內儲藏乾隆喜愛的書法字帖（圖一三）。

後殿室內面積約一〇八平方米，明間北檐設坐炕，兩側以欄杆罩和次間分隔。東次間北檐設寶座，南檐設坐炕，隔斷內的梢間爲寢室，北檐設炕，炕前有鑲玻璃隔扇心炕罩。西次間南檐設坐炕，北檐擺放大櫃，梢間爲寢室，北檐炕前設有隔扇心鑲絹繪花卉炕罩。

嬪妃寢宮

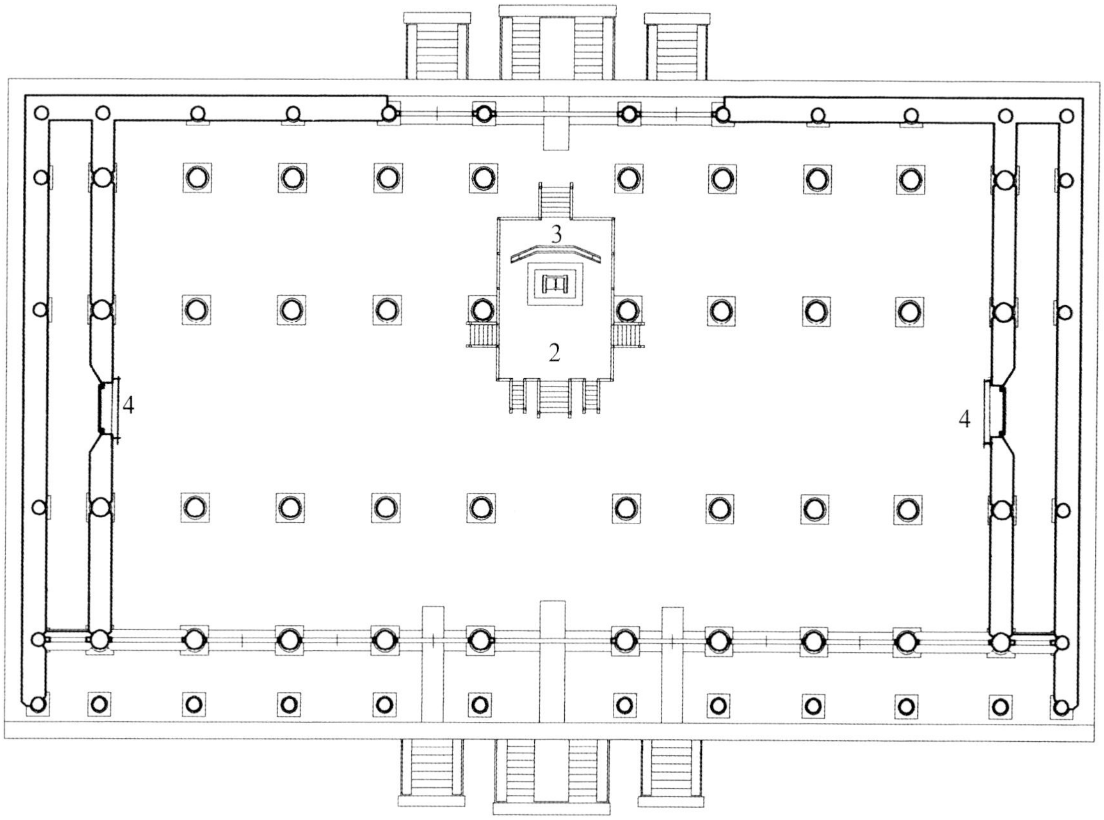

圖一〇　太和殿平面圖

1—寶座；2—地平臺；3—屏風；4—毗盧帽門罩

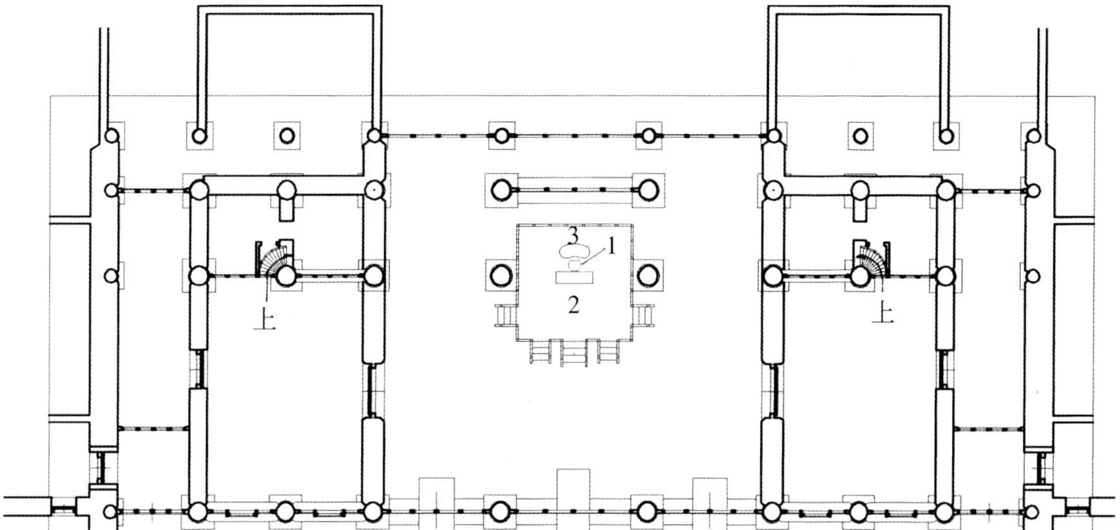

圖一一　乾清宮平面圖

1—寶座；2—地平臺；3—屏風

圖一二　乾清宮東暖閣內仙閣

圖一三　養心殿平面圖

1—寶座；

2—地平臺；

3—屏風；

4—透雕喜鵲登梅罩；

5—慈禧、慈安寶座；

6—坐炕；

7—木雕欄杆罩；

8—木雕炕罩；

9—睡炕；

10—隔斷；

11—立櫃

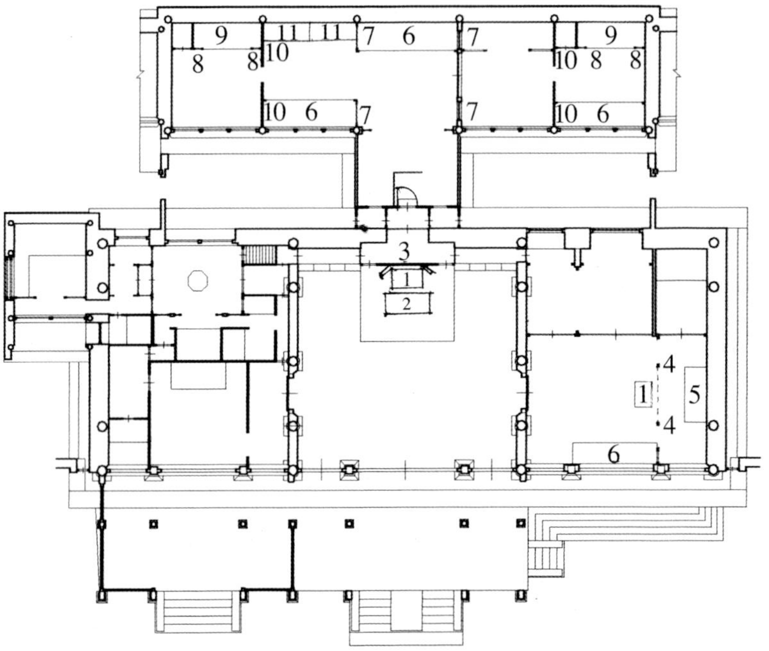

圖一四　儲秀宮平面圖

1—寶座；

2—地平臺；

3—木雕嵌壽字玻璃鏡屏風；

4—玻璃夾繪畫隔心隔扇；

5—木雕竹紋落地花罩；

6—坐炕；

7—木雕纏枝葡萄落地罩；

8—木雕纏枝葡萄八方罩；

9—木雕萬福萬壽邊框鑲大玻璃隔斷；

10—睡炕；

11—浮雕纏枝葫蘆毗盧帽炕罩；

12—木雕几腿罩

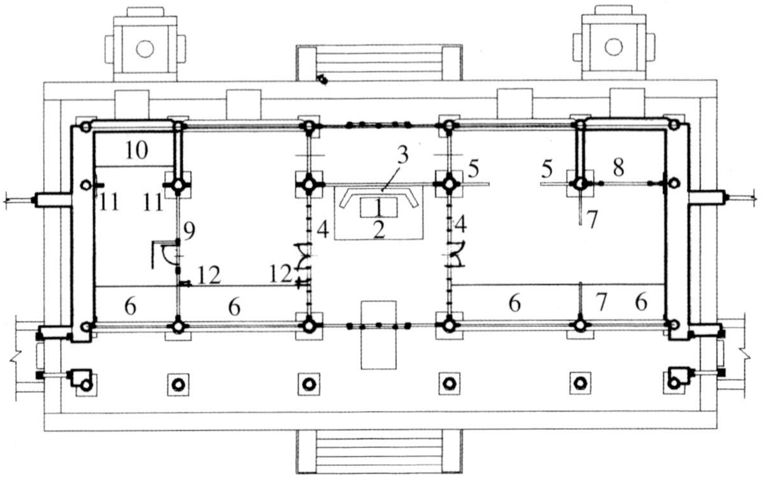

圖一五　體和殿平面圖

1—木雕纏枝玉蘭落地花罩；
2—隔扇；
3—坐炕；
4—屏風；
5—花罩；
6—几腿罩；
7—几案

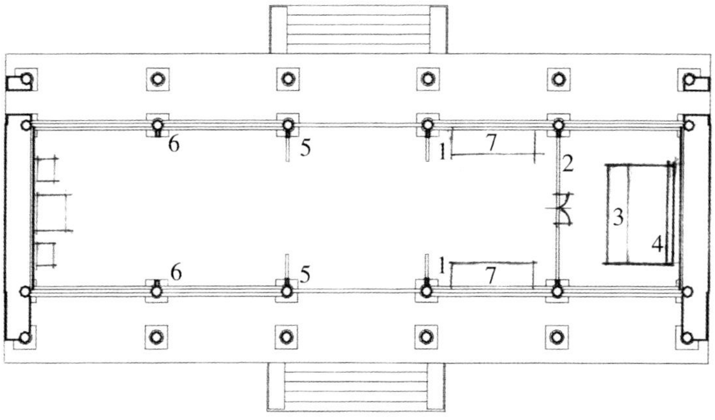

西六宮的儲秀宮是清代慈禧居住的地方，室內面積約一六八平方米。明間中央設寶座，是平時接受臣工問安的座位，下設地平臺，後擺木雕嵌壽字玻璃鏡屏風。間以纏枝葡萄木雕落地罩和東梢間分隔，梢間內南檐設坐炕，北檐坐炕前有梅花几腿罩。西梢間爲寢室，用木雕萬福萬壽邊框鑲大玻璃隔扇，與次間隔開，北檐設炕，炕前有浮雕纏枝葫蘆毗盧帽炕罩（圖一四）。

嬪妃生活用室

體和殿是慈禧住在儲秀宮時進餐的地方，位于儲秀宮以南，面闊五開間，除去前後廊，室內面積約一一五平方米。明間以東，設纏枝玉蘭落地花罩和次間分隔。次間與梢間用隔扇分隔，梢間內依山墻設屏風，前爲坐炕。明間西以花罩與次間隔開，次間設透雕纏枝牡丹几腿罩和梢間隔開，依山墻及前後檐擺放几案坐椅。用膳地點在中部，坐西向東，迎面放三張方桌，由太監自膳房捧食盒傳送至餐桌上（圖一五）。

三　軸綫空間序列

宮殿建築雖然是單棟分開布局，却不是孤立獨處，建築和建築，建築和庭院，庭院和庭院，彼此呼應、襯托，統一在總體立意之下，形成連續的變化，塑造出整體的美。這本是中國古典建築群設計的優良傳統，而宮殿建築體現得更爲突出，紫禁城中軸綫空間序列，便是一個最好的例子，它以雄壯宏偉、森嚴肅穆的氣勢，完美地表達出帝王至高無上的權威。

紫禁城中軸綫和北京城的主軸綫是結合爲一體的，自一進外城南門就開始了。從《康熙南巡迴鑾圖》中可以看出此軸綫經永定門向北，過一座橋，經前門五牌樓、前門、棋盤街、大清門，橫穿長安街，然後進紫禁城，最後以鐘樓、鼓樓爲終點。此軸綫可以概括爲三大部分，由永定門到大清門相當于導引，由大清門到神武門是主體，出神武門經景山到鐘樓、鼓樓爲收束。下面僅就主體部分進行叙述。

主體部分也可概括爲導引，主體及收束三階段，成爲有始有終的全過程。

大清門內，由兩側的千步廊形成一條狹長的空間，筆直的御路通往前方，盡端呈現出天安門及其前廣場，外金水河蜿蜒橫穿，河上正中有五座，東西各一座，共七座漢白玉石橋，寓意天河銀漢，鵲橋橫渡，是人間和天宮的交界。迎面天安門城前有石獅和華表等陳設，是皇城門及外朝的標記。城門樓面闊九間，進深五間，以示皇帝九五之尊。環境氣氛烘托著天安門，顯示出崇高、雄壯的氣勢，是空間序列的第一個感受。

天安門內至端門間是較爲窄小，近乎完全封閉的空間，其指向前方的暗示性十分明顯。過端門仍然是相似的近乎封閉式空間，東西廡間各有一座門，即左右闕門，是通向太廟和社稷壇往來出入的道路，所以空間不僅僅指向前方還向兩側延展。盡端是午門，坐落在『冂』形臺上，由門樓、東西廡及四角亭組成的復合式建築，是中國宮城標志的闕門。門前城墻夾峙，杰閣四聳，發出威懾、森嚴的氣氛，此前是引導部分。

午門內再一個廣場出現，內金水河橫穿廣場，標志著進入宮城。空間有主有次地向前方及兩側伸展，流通，以五座橋引向迎面的太和門。建築的形式向水平展開，由中央的正門往兩側延伸，經角樓到崇樓再折向前連接東西朝房，將廣場三面包圍。全部建築坐落在二米多高的臺上，正門前擺放銅獅及陳設，東西廡房中部各開一座屋宇式大門。至此，空間已不再是由門到門起指示前進的作用，隨著吸收視覺注意力目標的增加，預示門內即將來臨的高潮。

進太和門，太和殿以最高等級的造型，最大體量的木構造建築，高踞諸宮殿之上，成爲高潮中的『主角』。這裏是大典慶賀，皇帝親臨，百官聚集的場所。坐落在潔白石雕的三層臺上，富麗中見典雅，精美中見端莊。似乎承傳古代高臺建築的做法，但是和近代考古發現的秦咸陽宮殿及唐代宮殿的做法不同，與建築本身直接關係密切，更近乎建築臺基的擴大。臺把太和殿擡高并擴大了基礎面積，四周的屋頂都似乎匍匐在它的階下，視覺上加強了宏偉感。整體布局構思，更在于掌握低層單棟建築的特點，不是把太和殿孤單兀立，而用其他建築烘托陪襯。東西主配殿爲了和主殿等級高度相配得當，做了廡殿頂的兩層建築，門和朝房都建在三米多高的臺上。形體基本相似，構造基本相同，色彩基本一致的衆多建築，匯成有主有次，和諧統一的群體，背景是紅墻及其上無垠的藍天，使太和殿的崇高、宏偉得到充分的表達，成爲一系列導引而至的高潮。

從太和殿兩側朝房前廊北端的小門〔六〕纔能進到中和殿、保和殿所在的庭院內。中和、保和兩殿雖然與太和殿同踞三臺之上，但建築規格有所降低。穿過保和殿後東西寬的橫巷，迎面是乾清門，門內一條甬路直達乾清宮，其後爲交泰殿，再後爲坤寧宮。三座建築的布局和外朝三大殿相似，但不完全相同，等級體量略次于前朝。從空間序列來看，這一段是在高潮之後，經過一個過渡轉入收束，此前是序列的主體。

坤寧宮之後是御花園，作爲中軸序列的尾聲，雖然是花園，但仍保持對稱的布局。花園之後是北門神武門，這一段是收束。

長長的中軸綫空間序列，其實是爲太和殿創造的建築環境，説明古典建築十分注意個體建築和環境的密切結合。正因爲有了環境的渲染襯托，太和殿纔能擁有現在的磅礴氣勢，如果把太和殿單獨放在另一空間，它衹不過是一個宏大的建築而已；紫禁城如果没有以三大殿組成的軸綫及高潮，也將是一片鬆散無中心的建築群。這裏不妨借用在它建成五百多年後美國建築師文丘里的一段話：『流水別墅缺少了它周圍環境則是一幢不完美的建築，這一環境是構成較大總體的自然環境的一個片斷，脱離了這一環境它將變得毫無意義。』〔七〕這裏僅僅是借用了一種説法，因爲中國宮殿和流水別墅建築及環境畢竟是完全不同的内容，衹是這段話也很能説明太和殿及軸綫空間序列的關係。

從以上空間序列的叙述中，可以看到紫禁城的中軸綫由兩種形式組成。太和殿之前由門到門及兩側廊廡圍合成的空間是『虛軸綫』。藉著一座座門的連通、貫穿，每個似乎是封閉的空間可以串成流動的大空間。根據有關宮廷活動的記載，王公大臣們以職位高低在天安門、午門、乾清宮這一段行走，皇后在大婚奉迎禮時坐鳳輿從大清門直到乾清宮，再到坤寧宮；皇帝出宮祭祀、出巡，從乾清宮離開紫禁城時，乘玉輦出大清門，是出入行程最遠的，此外大概没有一個人直穿全軸綫，所以虛軸綫實際是出入外朝的交通綫。除提供交通外，還有陳列皇帝的儀仗隊伍，清稱『鹵簿』。皇帝專用的儀仗隊伍唐宋時已盛行，如唐在大朝儀時從大明宮的宣政殿以南，含元殿前的庭院及周圍廊廡都有儀仗侍立。記載中康熙時的大駕鹵簿（最高規格）有三千人，由太和門一直排列到天安門。所以在建築設計時考慮到這點，如果站在太和門可以清楚地看到外金水河橋面。按照經驗總結〔八〕，觀賞建築的距離和建築高度的關係，垂直視角在十八度、二十七度和四十五度，是觀賞建築全貌、個體和細部的最好視角。太和殿以前的空間，也就是在通過『虛軸綫』的行進中，都可以從這三個視角觀賞建築，這些可能是中國宮殿多采用縱深方向布局的原因。

太和殿之後是由五座宮殿形成的『實軸綫』。這裏是内廷及由内廷通往外朝，皇帝及皇后活動的區域，具有極强的『隱密性』。從坤寧宮必須穿過交泰殿纔能到達乾清宮，從乾清宮必須穿過保和殿和中和殿纔能到太和殿，除特准外，其他人必須由兩側繞行，和宮外聯係走神武門。

下面對軸綫序列做幾點具體分析：

首先是空間東西寬度的變化。進大清門後六〇米〔九〕窄長的御路未到盡端，天安門及外金水橋已全部呈現，天安門前面廣場將視域放寬到三五〇米，過天安門又收到一〇〇米。同樣寬度下縱向有兩個層次，端門前的空間較小，約占縱深的十分之三，其後約占十分之七。然後又一次展寬至二〇〇米，同樣寬度下又有四個層次：太和門前庭院，太和殿及前庭院，中和、保和殿所在庭院，保和殿後横街。其中太和殿部分約占縱深三分之一，横街僅占六分之一，之後又收至約一〇〇米。雖然全程有收有放，由于收放之間有層次過渡，所以總的趨勢是逐漸放，又逐漸收，不是有意識誇大地突收突放。

其次，是建築豎向高度的變化。正中主要幾座建築，開始的大清門，是一般的宮門，正中三闕。天安門通高三三・七米〔一〇〕，端門與之規模相近。午門通高三七・五米，是紫禁城内最高的建築。以上三門均按城門規制，城樓建在城臺上，具有防衛功能，面闊九間，進深五間，重檐頂的建築規模，加上逐步增高的趨勢，顯示皇城的威懾、險峻。太和門是宮城内的門，不設城臺，因此僅高二三・八米，氣勢也由高聳改爲平展。其後外朝太和殿通高三五・七六米〔一一〕，是紫禁城内第二高的建築。中和殿通高二七・八三米，保和殿通高二九・四七米。内廷乾清門高一二・一五米，乾清宮通高三一・三六米，在中軸綫排第三。交泰殿通高一九・六一米，坤寧宮通高二〇・五四米。單從每座建築自身高度看有高有低，如果將總體的變化簡單地歸納一下，從大清門開始，呈『低』『升』『最高』，『低』『次高』『低』『升』，『再低』『第三高』『低』『升』。其中外朝三殿和内廷兩宮一殿是馬鞍形起伏的兩次重復，但後者均低于前者，所以總體仍然是有規律、有秩序地由低到高又由高到低，而不是爲取得對比采取簡單的起伏跌宕。

從總體來看，中軸綫上的建築均高于四面建築，凸出的輪廓綫或可比作一條游龍，由北向南貫穿紫禁城。

三是兩側建築的變化。中軸綫的建築布局是嚴格的左右對稱，軸綫的兩側自始至終以連檐通脊，前出廊的廡房爲主要建築，但是細部逐漸變化，開始的千步廊是一間連一間的房子，等距離的檐柱構成單一没有變化的連續性節奏，經過天安門、端門、午門、太和門逐漸增加了門、朝房等等，構成有變化的韵律。建築的高度逐步提高，午門外廡房僅在一步臺階上立柱礎及檐柱，到午門内建在兩米多高的臺上，太和門内兩側坐落在三米多高的臺上。建築的等級也在逐步提高，午門外廡房爲灰瓦頂，午門内爲黄琉璃瓦頂，門窗隔扇的隔心由方格改爲菱花，彩畫等級也逐步提高。建築的變化隨同空間的變化和中軸綫上主

圖一六　午門前西廡房

圖一七　午門前端門内西廡房

要宮殿取得協調一致，構成高潮（圖一六、圖一七、圖一八）。

中軸綫的空間序列構成，采用從窄到寬，從小到大，從低到高，從簡到繁，穿插層次過渡，對比重復等手段，由沈重壓抑的導引，逐步轉變爲宏偉輝煌氣勢磅礴的高潮，又略加收斂轉向收束。總體貫穿著漸變的韵律，通過視覺連續性的變換，達到意境充分抒發，取得思想感情上逐步加深的感受，體現了指導中國建築藝術的傳統思想，强調整體統一，和諧中庸的哲學理論和嚴格的禮制等級尊卑觀念。

四　多種藝術手段的利用

紫禁城擁有一千多座建築，組成的主要庭院數以百計，建築造型及外檐裝修的變化可以使庭院各具有不同景象，但是若要突出主題，顯示空間立意變換，其感染力便有一定的局限。譬如表達外朝的莊重威嚴、神聖崇高，内廷的富麗堂皇、幽靜安逸等，還需要利用藝術品、文學、園林植物等藝術手段引起更廣泛深入的藝術聯想。

室外陳設

室外陳設是擺放在宮殿建築外的藝術品。它們的特點及作用比較集中而典型地表現在中軸綫各庭院中。從皇城正門天安門開始，隨著行進可以見到擺放有以下的藝術品：

華表　天安門正中門洞的前後各一對共四座。關于它的來歷古籍上有不少解釋，有説來自古時王城前的誹謗木，漢、唐、宋以來常用于橋頭、門兩邊、亭四角。天安門的華表，白石雕龍，高達九・七五米，氣勢磅礴。從它的位置來看，在門旁，外金水河橋頭，皇城南門外，相當周朝時外朝前，似乎與記載的都可以沾上邊。

獅子　據説它是龍的九子之一，名曰『牴　』，獅是通俗的叫法，秉性甚靈且忠直，傳説殷朝宮中已有。在明清重要宮殿的門兩側有石製、銅製或鎏金的，大小不一（圖一九），對稱安置，左右兩獅雖然看起來有不同，似乎是一雌一雄，實際兩個都是『螺髮』，没有雌雄獅子頂髮不同的區分。

石亭、石匣　位于太和門丹墀左右。石亭内放嘉量，石匣内儲米穀及五色綫寓意耕織

圖一八　太和門西廡房

圖一九　太和門前銅獅

圖二〇　太和門前石匣

皆豐收（圖二〇、圖二一）。

鼎爐　扼集中在太和殿三臺南欄板前，及御路、踏跺兩側，共有十八座，其他殿前也有。鼎盛行于商周，有代表國家政權帝位的寓意。上面加蓋成爲道士煉丹用的鼎形香爐（圖二二），鼎內可燒檀香、松柏樹枝。

日晷　位于丹墀上左側，是利用日影計時的儀器，據載周時已有，秦漢時流行使用，有象徵皇帝一統授時，代表上天的意思。除太和殿外，在舉行大典時帝后親御的場所，如乾清宮、坤寧宮、慈寧宮、皇極殿等處均設日晷（圖二三）。

嘉量　在太和殿丹墀上右側有一座，是古代『周律量衡』標準。據載也是周時已有，具有象徵江山一統，豐足美好的寓意（圖二四）。

鶴、龜　在日晷、嘉量之後左右對稱設置銅鶴、銅龜各一。取龜年鶴壽比喻人君國家長壽。龜頭像龍，頸和裸露部分有鱗（圖二五、圖二六）。

太平缸　太和殿庭院周圍設太平缸，是明清陸續製作安設的，用鐵或銅鑄成，有的外部鎏金。缸內盛水，備滅火用（圖二七）。也有許多散置在其他宮內。

內廷乾清門和乾清宮的室外陳設和太和門、太和殿基本相似，略不同。

乾清宮丹墀下東西有社稷江山金殿（圖二八），各代表山川、江河、土地神和穀神。亭頂上圓下方，寓意天圓地方，也是古明堂的形制。另在丹墀上下各有兩個燈杆石座，從元旦到正月十八日懸燈，共間按規定日點燈。

皇帝家族居住的宮院以太上皇、太后居住的寧壽宮、慈寧宮規格最高。在舉行典禮儀式的前殿月臺上，如皇極殿前設日晷、嘉量、銅龜、銅鶴各一對，鼎爐兩對。慈寧宮前月臺上安設有鎏金香爐、月晷等。寓意和太和殿、乾清宮前的陳設相同（圖二九）。

嬪妃居住的東西六宮，太子們居住的五所、南三所等處，陳設比較簡單。一般是宮門內有一座影壁（圖三〇），爲了把庭院略加隱蔽，不致一眼看穿，是傳統中國四合院住宅建築必設的。後院內有一口井，爲了用水方便，井上建井亭（圖三一）。清代改建過的東西六宮中如儲秀宮、長春宮庭院內擺設銅龍、銅龜、銅鶴等是比較特殊的。

花園內的陳設，絕大部分是山石盆景，也有天然形成具有欣賞价值的珍奇异物。玩賞姿態美妙的石頭，在中國有很長的歷史，尤其是宋代徽宗皇帝聚斂奇石，經營御園艮岳，對以後的園林有很大影響。將奇异的石頭製作成盆景，擺放在花園及宮院中是明清宮廷玩賞石頭的特點（圖三二、圖三三）。

總的來說有如下特點：

源遠流長　陳設品大多是古已有之延續下來的傳統式樣，雖然具體的形象隨時代有所變化，但是仍然會引發起歷史淵源的追憶，激發起對古代明君賢王聖　的感情效應，可以加重環境的崇高、嚴肅氣氛。

象徵性　長期的社會生活中形成某些形象具有一定思想意識的象徵性。譬如『國富民安』、『江山永固』、『天下太平』、『萬壽無疆』等等，很難用一個簡單寫實的形象來表達。一座社稷江山亭，或是日晷、嘉量、龜、鶴、石匣……都能發出吉慶祥和，瑞陽喜悅的光彩，帶來美好的歌頌及祝福。

和環境協調　在嚴肅的場所，陳設擺放在宮殿的門前，丹墀上下迹庭院周圍，建築的前方保留簡潔空曠、氣勢宏偉的廣場，一是爲了慶典時百官集聚的需要，二是襯托宮殿的高大。山石盆景點綴在花園的樹叢中，宮殿的院內和花木結合，添加自然野趣。

製作精美　不論是陳設主體還是相配的基座，都是一絲不苟，精心設計製作。如果以

圖二一　太和門前石亭

圖二二　三臺前鼎爐

圖二三　乾清宮前日晷

圖二四　乾清宮前嘉量

費用來看的話，皇極殿前的一對銅龜，僅加工費就用了六百四十多兩白銀，因此每件都是精美的工藝品。

功能和藝術的統一　有的陳設具有實用功能，如日晷、太平缸、路燈、燈杆石座等。有的能製造特殊效果，如龜、鶴、鼎爐，可以燒檀香、松柏枝，在大典時將太和殿置于金鼎紫烟、龍樓雲霧的境界中。

綜合上述，可以看出，宮廷室外陳設具有濃厚的承傳色彩，追從的是同一條藝術象徵主綫：

首先是『天人合一』的思想。在中國皇帝之上没有更高的神權，皇帝就是天帝的代表。天帝創造了山川、大地、日月、星辰，掌管稼穡收獲，于是社稷江山亭、日晷、石亭、石匣、嘉量等等作爲象徵物，陳設在皇帝的周圍，寓意人間皇帝也具有相應神力。慶典禮儀中在鼎爐、龜鶴腹中燃香、焚柴，紫烟直上青天，以示上告天帝與之相通，同時把皇宮裝扮成隱現在雲霧間的天宮。

其次是『圖騰崇拜』意識。圖騰崇拜本是原始人類爲了求得心靈上的庇護或是某種宗教動機而頂禮膜拜物象，常以雕刻繪畫出現在建築上。隨著社會的發展，宗教意義逐漸減弱而審美意義增強，甚至純粹變爲美的裝飾，并能焕發起某種象徵的情結。宮廷室外陳設中諸多動物就屬于這種意識的流露。擺在宮殿前，雕刻在裝飾物上的龍、鳳、獅、麒麟、鹿、龜、鶴等，既是組成庭院氣氛供人觀賞的藝術品，同時又是祈求消灾免禍、賜福多子、延年益壽的象徵，成爲保護建築、庇護人身、維護平安祥瑞的守衛。

這些藝術品都具有中國審美創作概念的特點——『寫意原則』。寫意原則雖然主要指繪畫，但在其他造型藝術上也可以見到，其強調『以形寫神』，給客觀物件以本質的特徵和生動的氣韵，而不是僅做全面如實的寫生，簡單地再現實物〔一二〕。細觀陳設中的動物，如果從解剖學的角度來看確有許多缺欠，可能不夠理性和科學，但是它們都具有自身的精神和性格，有的憨態可愛，有的勇猛剽悍，有的瀟灑俊逸，有的憨厚樸實，極富靈性。陳設中有大量山石盆景，對山石的賞玩更能説明中國審美觀念中寫意與抽象性的特徵。山石完全以自身天然成長的姿態、紋理、質地、顏色給人以美的感受，不受任何物象約束，可以任意用想像暢神寄情，正好表示藝術難以言傳的主觀精神狀態中豐富的內涵。總的來看，宮殿室外陳設藝術品中幾乎沒有一件是生活中實物的再現，和歐洲宮廷中以寫生人物動物爲主的做法截然不同，體現了中國藝術審美創作的特點。

匾額楹聯

匾額是懸挂在宮殿明間檐下的題字，楹聯是挂在明間檐柱及金柱等處的對聯。

在秦漢乃至唐朝時的宮殿記載中，宮廷舉行慶典宴會活動的建築除『廟』外，大都是在某宮的『前殿』。漢代皇后居住的宮，因爲有椒香味稱爲椒房殿，以後就成了皇后寢宮的通稱。唐代的宮殿比較普遍地有了名稱，可能是因爲宮殿建築越來越繁多，如泛以『前殿』、『後殿』稱呼，難以辨認。唐代殿的標記是怎樣的樣式尚缺考證，根據記載唐時有人『匾于小亭』〔一三〕，大概是把題字的牌匾放在亭上，也有可能和明清故宮現存的匾額相似。楹聯在清代人所撰書中説是始于五代的桃符〔一四〕，宋代開始用在楹柱，清爲鼎盛期〔一五〕。把文學應用于匾額楹聯上，使建築融會在哲理、頌揚、抒情等詩情畫意中，產生廣泛深入的聯想，這是中國建築藝術特有的表現手段。

圖二五　太和殿前銅龜

圖二六　太和殿前銅鶴

圖二九　慈寧宮月晷

圖二七　太和門庭院中太平缸

圖二八　社稷江山金殿

門的匾額爲故宮勾畫出一幅天宮藍圖：皇城門額清代稱『天安門』，取『受命于天，安邦治民』之意；其北門額『端門』，太微垣前方，左右執法之間稱『端門』。帝寢宮門額『乾清宮』，『乾』表天。后寢宮門額『坤寧宮』，『坤』表地。又東有『日精門』，西有『月華門』（圖三四），皇城北門額『神武門』（原名玄武門，清爲避諱改爲現名），取四象中後玄武。以門額表達象天立宮的立意，天子所居的皇城位于天地日月之間，取象紫微如天帝所居的天宮。

三大殿的殿額明代以來有過三次改變，現存是清代定的。前朝太和、中和、保和三殿殿額引自《易》、《禮記》、《老子道德經》等古籍，大意是保持宇宙間的和諧關係，萬事萬物就可以各得其所，以中庸之道維持封建秩序，保持國家長治久安。內廷乾清宮、交泰殿、坤寧宮的大意是執行中庸之道，天清地寧，天地交感，帝后和睦；上下交感，君臣一致，國家得以治理〔一六〕（圖三五）。

上面幾座殿的對聯均在殿內。太和殿前抱柱的對聯是『帝命式于九圍，　茲維艱哉，

圖三〇　養心殿庭院內影壁

圖三一　東六宮景陽宮內井亭

奈何佛敬；天心佑夫一德，永保言之，遹求厥寧』，橫匾『建極綏猷』，大意是：天命治理九州，雖艱難但不敢怠慢；上天保佑，同心同德求安寧；建立中庸之道，功業宏偉。乾清宮內抱柱上的對聯是『表正萬邦，慎厥身修思永；弘敷五典，無輕民事惟艱』，大意是皇帝以身作則，謹慎約束自己，以永保天下；廣泛宣傳五常倫理，不要輕視對百姓的統治。橫匾『正大光明』。

這些楹聯文字古奧，多用典故，如果深入解說，內容繁多，這裏只粗略解釋。匾額楹聯融會在建築上，利用文學直言建築功能所要表達的主題，將建築凝固在沈重的政治氣氛裏，把企圖呈現的崇高、神聖、威懾、森嚴推到更完整的境地。

寧壽宮是乾隆爲遜位後做太上皇的地方。宮殿的形制、室外陳設均仿外朝內廷，也就是說這一組建築的設計立意是把太上皇與當朝的皇帝放在同樣高的地位，但是從匾額楹聯所產生的氣氛中可以看出它們是處在不同的藝術環境裏。

皇極殿、寧壽宮兩座宮殿相似皇帝的外朝，『皇極』大意是施教治民均得中正之道無邪僻；『寧壽』則意爲安寧長壽。皇極殿外檐柱上的楹聯爲『寶祚鞏皇圖環瀛介嘏，祥雯輝紫極璇閣凝厘』；金柱上楹聯爲『八表被慈徽梯航景化，百昌徵聖壽蓂蓮書祥』。大意是：帝位鞏護京都，全國得大福；祥雲照耀宮殿，美麗的殿閣籠罩在安福中；皇帝的光輝照耀高山大海，四面八方，如日光化育世間生物，徵兆聖壽吉祥。橫匾『仁德大隆』（圖三六）。

『養性殿』是乾隆退位後所居寢宮的殿額，乾隆在《養性殿》詩中說：『養心期有爲，養性保無欲，有爲法動直，無欲守靜淑』，意爲無欲靜淑，也有養性可以延年益壽的含意〔一七〕。

『樂壽堂』也是乾隆的居室，表達居其中既可得到快樂，又得以長壽的意圖，來自《論語·雍也》『知者樂，仁者壽』。

『頤和軒』是表達乾隆退位後頤養和氣的心情。

從匾額的文字可以感受到這裏和外朝環境氣氛不同，少了幾分治國安民事業維艱的沈重，多了幾分對功業煊赫，升平盛世中歸政皇帝的頌揚，倦勤後寄興于閑情靜淑間，頤養天年的安逸。它使寧壽宮浸潤在一片祥和、寧靜而又生機盎然的環境氣氛中，致使乾隆在樂壽堂的聯中寫出自己的感受：『亭臺總是長生境，鶴鹿皆成不老仙』。

東西六宮是后妃所居。翊坤宮和承乾宮，位于以乾清宮和坤寧宮形成的軸綫的東西兩側。殿額的含意也相對應，前者意爲『敬地』，後者意爲『奉天』〔一八〕。西六宮中儲秀宮

圖三二　御花園内石盆景

圖三三　御花園内盆景

意爲『儲蓄佳人』，與之對稱的東六宮中的鍾粹宮意爲『匯聚精粹』。西六宮區域的西二長街，北門名爲『百子門』，南門爲『螽斯門』，東六宮中的東二長街北門名爲『千嬰門』，南門名爲『麟趾門』，意思都是繁衍多子（圖三七、圖三八）。

西六宮中翊坤宮有四進庭院，前殿翊坤宮前檐柱楹聯：『寶瑟瑶琴蟠桃千歲果，琪花芝草温樹四時春』，從字面上看，大意是飾以美玉寶貴的琴和瑟，千年結一次果的鮮桃，玉樹的花，靈芝仙草，四時都是春色的宮廷樹木。横匾『屢禄綏厚』，大意是福禄深厚。金柱上楹聯：『松牖樂春長既安且吉，蘭陔宜晝永日壽而康』，字面大意是窗臨松樹樂在春日長，平安且吉祥，芳雅的居室宜咏讀，長壽且健康。如果把兩聯的含義聯係起來，可以看到，寓意將翊坤宮比做女神西王母居住的瑶池，既有如美妙仙宮的環境，又是長生不老的地方。

第二進庭院中，體和殿南檐柱上楹聯是：『九有慶光華日月所照，三無昭怙冒天地同流』。大意是：普天下人慶賀得到光華，是日月所照射，福佑人們，天地日月都是無私的。横匾『翔鳳爲林』，意思是因有美好的林木，鳳鳥爲之而來。

第三進院中，儲秀宮的當心間檐柱和金柱均有楹聯，檐柱是『百福屏開九天凝瑞露，五雲景麗萬象入春臺』，大意是展開集有百福的屏，天空凝聚著瑞雲，五色彩雲美麗的景象盡收眺望覽盛之地。金柱是『時行物生雨間宣道妙，日暄雨潤萬匯荷天功』，大意是四季運行，萬物生育，雨水交替宣泄，奥妙無窮，陽光温暖，雨露滋潤，萬物承受天的造化之功。横匾『仁洽道豐』，意思是仁義道德融洽豐厚。

東配殿養和殿楹聯『萬象曉歸仁壽鏡，百花春隔景陽鍾』，是叙説晋代仁壽殿上懸挂的大方鏡可收萬物，南齊皇宮景陽樓上鐘聲喚醒宮人早裝。横匾『熙天曜日』，意爲明朗的天空，燦爛的陽光。西配殿綏福殿楹聯『彩雲常繞甘泉樹，淑景初臨建始花』，大意

圖三四　月華門

圖三五　乾清宮匾額

是：五色的祥雲繚繞甘泉宮的樹木，美麗的景色來自建始殿的花叢之中。橫匾『和神茂豫』，意思爲祥和的神情，昌盛安樂的環境（圖三九）。東配殿的聯摘自唐温庭筠的詩，西配殿的聯也寫了兩座宮殿相對應。

第四進院中的麗景軒檐柱楹聯寫著：『和氣滿丹墀書陳康樂，瑶光輝紫極景葉升恒』，大意是吉利祥瑞的氣氛充盈丹墀，標志國家安定民間康樂；美好的光輝照耀宮殿，社稷大業如月之恒如日之升，世代傳繼。東配殿『風光室』楹聯寫著『珣宮日麗恒春樹，闢沼波涌益壽花』，大意是美麗的宮殿，美好的陽光，照耀常青的沈香樹；開闊的水池，碧波洋溢，涌出延年增壽的花。西配殿楹聯『瑞靄曉迎荷蓋露，暗義低映竹溪雲』，大意是吉祥的雲氣清晨迎著荷葉上的露珠，幽深的光輝掩映著雲彩下溪水邊茂密的竹叢。

東西六宮的楹聯以描述風和日麗，花木繁茂，四季如春，長興不衰的自然環境，引伸出風調雨順，國富民安，福祿兩全，延年益壽的意識觀念，象徵著后妃生活在和諧美好，賢德靜淑，脱離世塵，瑶池仙宮的理想境界（一九）。

御花園內有浮碧亭、澄瑞亭、千秋亭、萬春亭、御景亭、延輝閣、絳雪軒等。看到這些匾額，稍加思索便可以分辨出那是居高遠眺；那是瀕臨水面。如果以中國五行、五色、四方、四時的學説來觀察，還可以發現，它們是對稱的布局，而且是東西方向。

慈寧宮花園內有咸若宮、寶相樓、吉雲樓，從這些建築的匾額可以知道裏面供佛，也因此可以瞭解，這座花園是供前朝皇帝的遺孀們修性念佛的場所。其中乾隆作爲苫次的含晴齋和延壽堂各有楹聯，前者爲『軒楹無藻飾，几席有餘清』，後者爲『梳翎閑看松間鶴，送響時聞院外鍾』。一座淡雅、幽靜、清寂、深邃的花園，安閑的灰鶴，陣陣的風鐸聲，此情此景與奢侈淫靡、威福擅專的宮廷相比，晃若隔世。

匾額楹聯具有詩、詞、曲的高度文學性和美學意義，更有隨景而興、情懷濃烈、立意廣泛、實用靈活的特點；宮殿的匾額直言象天立宮的心意，祈求子孫繁衍、世代永傳的願望，指示建築的功能、位置等等。楹聯的內容有頌揚、寫景、抒情、表志等等，充分發揮漢字一字一音的特點，上聯下聯對稱均衡，詞句瑰麗，音韵和諧，建築在這裏不僅可喻爲凝固的音樂，更應該是有聲的詩歌。

從以上列舉的內容可以看出，楹聯不論是寫景還是抒情，最後大都歸結爲對朝政的頌揚。因爲是藻繪升平，袚飾修美的應制體，往往落入俗套，失去了詩詞由感而寫，抒發真情的光彩，但是其中也不乏獨具特點的可取之處，如選用經典書籍中聖賢修身、齊家、治國平天下的至理名言，典故事例，言簡意賅。出自康熙、乾隆之筆的往往常有訓勉昭示的

圖三六　皇極殿區額楹聯

圖三七　西六宮西二長街螽斯門

含義。雖然不能付諸實際，但是懸挂在大殿上創造的氣氛如同座右銘，隨時警惕皇帝，這樣的政治內容是其他地方絶對没有的。

宮廷的楹聯，字面寓意都要十分謹慎，所以用字造句考慮得十分周密，雖非副副精彩字字璣珠，但也不全是陳詞濫調糟粕一堆。有不少立意新穎，用字巧妙，詞藻華麗自成風格，在文學上應擁有一定的地位。

凡用于宮廷的器物都具有用料貴重，製作精美的特點。區額雕刻在木製的區上，楹聯雕刻在同柱相符的曲面長木板上，油飾貼金，雕飾邊框，再加上書法的美，詞句對稱和建築的嚴格對稱一致，懸挂在宮殿上，如同畫龍點睛，倍加生動，成爲明清宮殿的一項特有裝飾。

園林植物

北京明清故宮的中軸綫外朝三大殿和內廷兩宮一殿没有園林植物，園林植物主要在內廷，這裏有以樹木、山石、水池以及建築組合而成的仿自然山水花園。花園內亭臺軒閣可以觀景、讀書、修養、休息。宮院內植樹種花，在宮闈緊閉的紅墻上，探出幾枝繁花似錦的海棠，殿宇交錯間挺立著蒼松翠柏，春夏庭院五彩繽紛的花朵，金風透過棱花送來的陣陣果香，使宮廷院落充滿生機。

宮內園林植物的配置，具有中國傳統風格又有自身特點。

寓意美好的樹木和花　和宮中各種事物相同，花木也要有個吉慶的寓意，以求一切順利如意。松、柏、槐、銀杏、楸等都是壽命長的喬木〔二〇〕，銀杏壽命極長可達千年，被

圖三八　東六宮東二長街千嬰門內

稱爲『帝王樹』，這些是園林中首選的樹種。楸樹萌發力强，多生根蘖，與梓樹相類似，古代『梓』可爲『子』的代稱，可能因象徵子孫繁茂，受到清代皇帝的青睞。菩提樹是常青喬木，來自印度，大約和佛教同時傳入中國，生長南方，因爲和佛教的聯係也被引進了明代禮佛的英華殿內。海棠、玉蘭、竹、梅、芍藥、牡丹、青桐、紫藤、凌霄等，因其生態習性，外觀姿態寓有繁茂、富貴、清雅、剛直秉正、延伸不斷之意，因此也是宮內種植較多的花木。

匯集南北名貴花木　松柏是宮中最多的樹，因爲它們四季常綠。至于花卉，由于北京氣候環境的限制，要做到花期交替，四季成景就困難了。最繁盛當在春末夏初時，海棠、玉蘭、丁香、紫藤、榆葉梅先後綻開。那些産自江南的竹、梅、蘭等，是園內必不可少的高雅之物，乾隆又非常喜愛，『數竿植嘉蔭』，『不可無此意』〔二〇〕，但露天培植十分困難。梅花因在陰曆十一月到次年三月開花，正值北方三九嚴寒天，就更困難了，雖然在冬季搭暖棚，解凍後拆除，也衹能在春天與桃花同時開放，不能按期開花。因此，宮內特由南花園、奉宸苑、營造司等部門辦理竹、梅的露天培植及養護，這在當時衹有皇家能辦到。

上述部門將北方不易露天培植的花卉，從南方漕運到京，由南花園培育種植，然後送到宮內陳設。清高士奇《金鰲退食筆記》記載：『每歲正月進梅花、山茶……四月進梔子花、石榴花、薔薇……六七月進茉莉、建蘭……八月進岩桂，九月進各種菊花……』。在文官的筆記中也可見到這樣的記載，如『廡下珠蘭、建蘭、茉莉百十盆，清芳撲鼻，璀璨耀目』，『進長春宮桂花開放异香撲鼻』等，都是對盆花的描述。

由于有了這種種舉措，露天種植的竹、梅，也有盆栽的梅都可在宮內出現，并把産于北方的棗樹和南方的竹子搭配種植。咏御園的詩句中有『棗垂紅簒簒。竹動碧森森』。秋風中，沈甸甸的紅棗壓彎了樹枝，綠竹葉在挺直而又柔韌的竹竿上瑟瑟飄舞，一幅有聲有色的畫面，是南北植物結合成景的創舉。

巧妙的配置手法　儘管可以不計人力財力，將各地的花木移植到宮中，但畢竟北方園林植物品種不多，又無山光水色可憑藉，尤其在冬天，盆花僅是點綴，必須依靠周密的構思和巧妙的配置手法，纔能使静止拘謹的宮殿空間能有多彩生動的變化。

利用叢植高大的喬木及枝葉繁茂的灌木，隱去觸目皆是看煩了的高大建築，看膩了的紅墻黃瓦，在有限的空間內取得一些自然景觀的享受。將成片行植松柏樹對稱布局，和對稱的建築取得綠化的和諧均衡感，但在規整中有疏有密，穿插小路，擺放盆景，而無呆板

圖三九　西六宮匾額

單一感。將松柏對稱行植在舉行莊重典禮及供佛的宮殿門兩側，猶如排列的迎送禮儀隊伍，顯示虔誠崇敬。也有孤植姿態動人的樹木，如古松柏挺拔擎天，或虬枝蟠曲蒼勁有力，生機盎然；連理柏依戀而生，情意纏綿的柔姿倩影；龍爪槐雖百年老樹仍高不盈丈，粗壯的樹幹支撐著盤結如傘的枝葉。

西華門內疏疏朗朗地種著十八棵槐樹，這裏位于外朝範圍，但不在中軸綫上。遠望鬱鬱葱葱，濃蔭匝地，近看雖然都是明代所植，已老態龍鍾，但氣勢猶在，有的躬身如拜揖；有的矗立似仍顯示當年沖霄凌漢的鼎力；有的斜側如偃仰；有的根部外露，枝伸杈張，若手舞足蹈，是宮中唯一具有野趣的開闊綠地。

總之，園林植物配置的方式多樣，有叢植，有孤植，有散植，或密集，或疏朗，或對稱，或均衡等各種方式，但基本都是自然化的。

松柏古樹是宮內數量最多的樹木〔一一〕，以其濃鬱的深綠構成園林植物的主色調，和紅墻、黃瓦、白石基、白勾欄相映成輝，形成紫禁城肅靜典雅的基本畫面，也是寒冬中的主要綠色植物。另有竹子以其輕翠嫩綠陪襯松柏，有的植在建築的周圍，可見到『翠竹摇曳，竹影紛披』，種在院內，可見『密蔭石欄曲，清連竹徑斜』的江南景致。在各宮院內，一般是種兩三株花木或果樹，花池內種芍藥、牡丹或盆栽花卉，則是庭中花木，姹紫嫣紅，香氣襲人，一幅華貴宅第景象。

建築與園林植物融會滲透　園林植物和山石、水池、園路、建築相結合是中國的傳統做法。所謂和建築的結合，不僅是以園林植物創造自然環境，而且是建築也參與其中，共同營造空間意境，受到相得益彰的效果。

乾隆花園內的古華軒，是因舊有的一株古楸而建。軒不以宮內建築的富麗多彩出現，而是四面敞開，僅立幾扇通透的隔扇，不施粉彩，全部楠木本色，楸樹立于軒前右側，楹聯上寫著『明月清風無盡藏，長楸古柏是佳朋』。設計的意圖是要顯示它們之間親密平等的知己關係。御花園內絳雪軒因前有五棵海棠，春天開花，落英繽紛如同飛舞的絳雪，因此匾額書寫『絳雪軒』，軒前凸出前廊，爲的是『花與香風并入簾』。乾隆花園內有一座三友軒，一座竹香館，和已焚毁的碧琳館，都是取『松壽、竹貞、梅香』立意的景點。三友軒的內檐裝修都以松、竹、梅爲題材。竹香館的建築嬌巧玲瓏，屈曲的墻上開漏窗。據記載，這些景點周圍都種有松、竹、梅，可惜因條件不適合，現在已没有了，祗能從嘉慶的詩句『翠筠滿小庭，靜香送室內，長松密蔭敷，玉梅冷艷配』中想像當時松高、石奇、竹疏、梅香的情景。

御花園内摛藻堂側有一棵古柏，乾隆下江南時柏樹爲他遮陽而被視爲神樹，喻爲世臣，傳説還被封爲侯。從清代皇帝的御製詩中可以找到很多對花木的咏頌。宮中生活離不開宮殿環境，建築是靜止的，環境中的園林植物具有隨四季、年代變化的生命力，也就成爲皇帝抒發、寄托、表現，傳達情意的物件。因此，乾隆把摛藻堂前當時已有四百年樹齡的古柏，在詩中喻爲世臣，感謝爲他遮陽效忠也就不足爲奇了。

庭院式的中國宮殿爲園林植物提供良好的培育空間，它和宮殿建築有著相互融會滲透的密切關係。

注釋

〔一〕原著于梁、宋編成集·

〔二〕傳熹年·傳熹年建築史論文集·關于明代宮殿壇廟等大建築群總體規劃手法的初步探討·
王其亨·紫禁城建築研究與保護·紫禁城風水形勢簡析·

〔三〕(南北朝)范縝·神天論·

〔四〕(西漢)班固·西都賦·

〔五〕林徽音·清式營造則例緒論·

〔六〕三臺上太和殿兩側原無門,現在的門是爲方便游人後開的·

〔七〕文丘里(Robert Venturi)·建築的複雜性與矛盾性·

〔八〕白佐民·視覺分析在建築創作中的作用·建築學報·1979年第2期

〔九〕指在總平面圖中減去建築所占地面量得的空間寬度·

〔一〇〕指建築高加城臺高·

〔一一〕指建築高加臺高·

〔一二〕鍾涵·中國畫論文集·中國畫與西畫·

〔一三〕(唐)李肇·唐國史補·

〔一四〕(清)梁章鉅·楹聯叢話·

〔一五〕顧平旦、常江、曾寶泉主編·北京名勝楹聯·

〔一六〕楊新·前三殿殿額·紫禁城19期
楊新·後三宮殿額——故宮聯匾注釋·紫禁城21期

〔一七〕楊新·寧壽宮聯匾注釋·紫禁城25期

〔一八〕楊新·西六宮聯匾注釋·紫禁城23期

〔一九〕東西六宮的楹聯,多是藉對自然景物的描述引伸到頌揚朝政,所用詞句、字面及寓意都可有多種解釋·本文僅從字面理解,沒有從各方面做深入說明·

〔二〇〕許埜屏·寧壽宮花園樹木配植·中國紫禁城學會論文集第一辑·

〔二一〕許埜屏·紫禁城建築研究與保護·故宮園林保護工作原則與實踐·

圖版

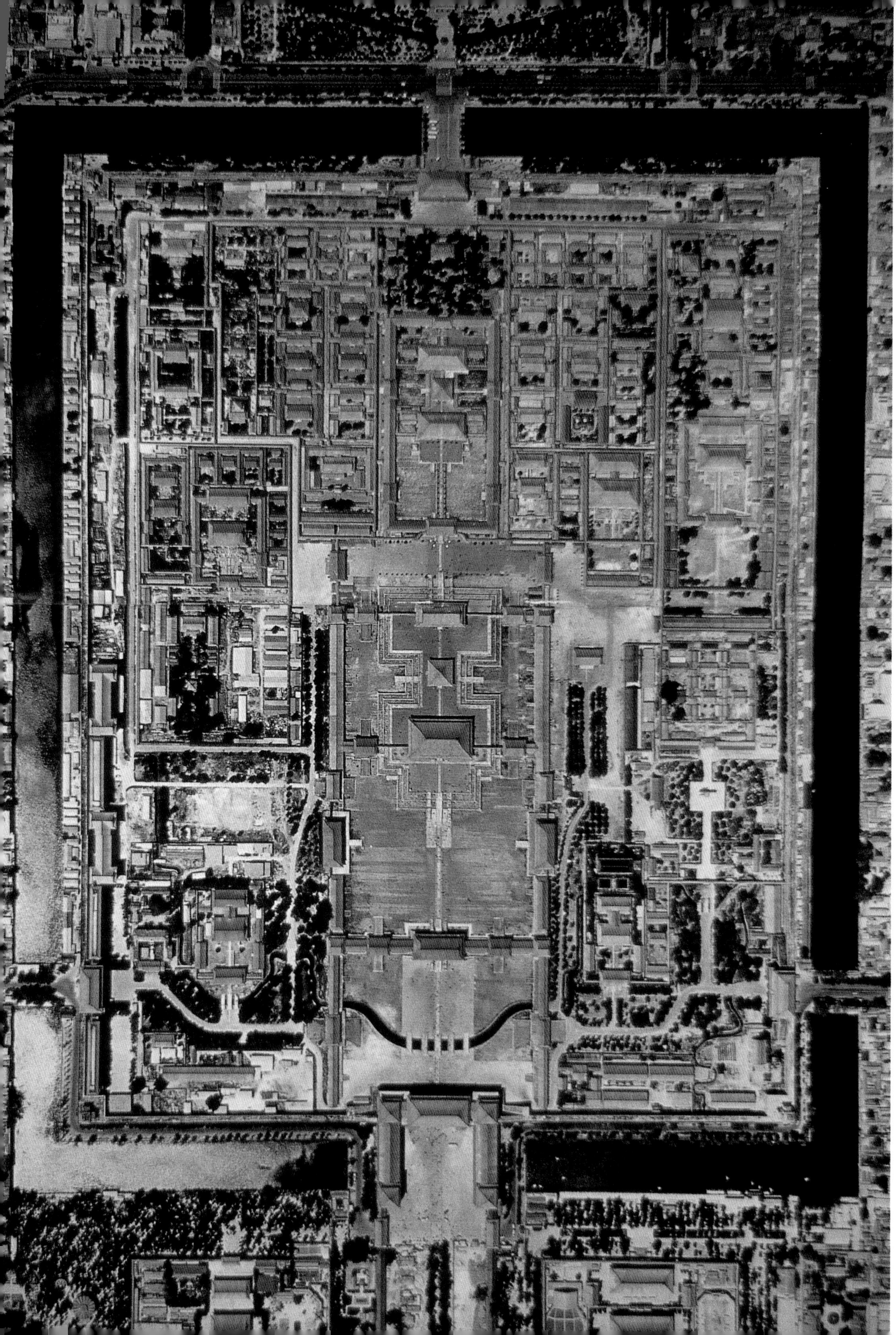

一　紫禁城總平面航拍圖（前頁）

二　天安門華表

三 午門

五 午門外闕左門

四 午門（前頁）

六　午門外闕右門

七　午門外端門内西廡房

八　午門外端門内東廡房

一〇　内金水河

九　午門内（前頁）

一三　太和門内廣場

一一　太和門（後頁）

一二　太和門前銅獅

厕所
TOILET
客休息室
冷热饮料快餐
Quick Meal
大碗茶

一四　太和殿

一五　太和殿

一七　中和殿

一六　太和殿（前頁）

一九　保和殿重檐歇山頂

一八　保和殿

二〇　紫禁城内的屋頂

二一　三臺

二二　三臺

二三　三臺

二四　三臺上的日晷

二六　三臺上的銅龜鶴

二五　三臺上的日晷

二七　太和殿前西廡房及弘義閣

二八　太和殿前西廡房及弘義閣

二九　弘義閣

三一　太和門内東側

三〇　保和殿西側北望景山

三二　乾清門前銅獅

三三　乾清門

三四　慈寧門

三五　慈寧門匾額

三六　乾清宫

三七　乾清宫

正大光明
表正萬邦慎厥身脩思永
克寬克仁皇建其有極
弘敷五典無輕民事惟難

三八　乾清宫内寶座

三九　乾清宫前嘉量

四〇　乾清宫前銅鼎爐

四一　乾清宫庭院内燈杆座

四二　乾清宫庭院内太平缸

四三　交泰殿

四四　坤寧宮

四五　西一長街

四六　西一長街鳳彩門

四七　東一長街

四八　長康左門

四九　内右門

五〇　乾清宫庭院内廡房

五一　乾清宫庭院内東廡房

日精門

五三　鍾粹宮

五二　日精門

五四　鍾粹宮院景

五五　鍾粹宮院景

五六　鍾粹宮院景

五七　景陽宮院景

五九　螽斯門内

五八　東六宮横巷

六一　體元殿

六〇　太極殿影壁

六四　長春宮内景

六二　長春宮（前頁）

六三　長春宮内景

六五　壽康宫内景

六六　絳雪軒内景

六七　怡性軒

六八　自長春宮望雨花閣

六九　翊坤宫影壁

七〇　翊坤宮匾額楹聯

翔鳳爲林

七二　體和殿室內花罩

七一　體和殿

七三　體和殿東配殿

七四　麗景軒竹紋框鑲玻璃門

七五　吉祥門

七六　養心殿影壁

中正仁
恬澈

調元益懋

七八　養心殿前殿東次間垂簾聽政處

七七　養心殿前殿内寶座（前頁）

七九　養心殿内圓光罩

八〇　儲秀宮内景（後頁）

仁智

八一　御花園内雪中的萬春亭

八二　御花園千秋亭

八三　浮碧亭

八四　澄瑞亭

八五　御花園内井亭

八七　雪中養性齋

八六　養性齋

八八　御花園園景

八九　御花園園景

九〇　御花園内柏樹

九一　御花園内古樹

九二　御花園内行植柏樹
九三　御花園内行植柏樹（後頁
九四　御花園内行植柏樹

九六　御花園内連理柏

九五　御花園内連理柏

九八　御花園内雪後龍爪槐

九七　御花園内松樹

九九　御花園園景(後頁)

勿因一时疏忽
破坏永恒美好

16图

请勿
抚摸文物

一〇〇、一〇一、一〇二、一〇三、一〇四　御花園内山石盆景

一〇五　慈寧宮門前銅獸

一〇六　長壽宮庭院中陳設——銅龜、鶴

一〇七　儲秀宮庭院中陳設——銅鹿

一〇八　儲秀宮庭院中陳設——銅龍

一一〇　御花園内銅象

一〇九　儲秀宮庭院中陳設——銅鳳凰

一一一　御花園内銅鼎爐

一一二　養心殿前銅鼎爐

一一三　三臺上銅鼎爐

一一四　頤和軒庭院中陳設

一一五　倦勤齋庭院中陳設

一一六　御花園内白皮松

一一八　寧壽門前古松

一一九　御花園内竹

一一七　慈寧花園内銀杏樹

一二〇　文華門前竹

一二三　摛藻堂雪景

一二一　摛藻堂前古柏

一二二　摛藻堂前古柏（後頁）

故宫书店
THE PALACE MUSEUM'S BOOKSTORE

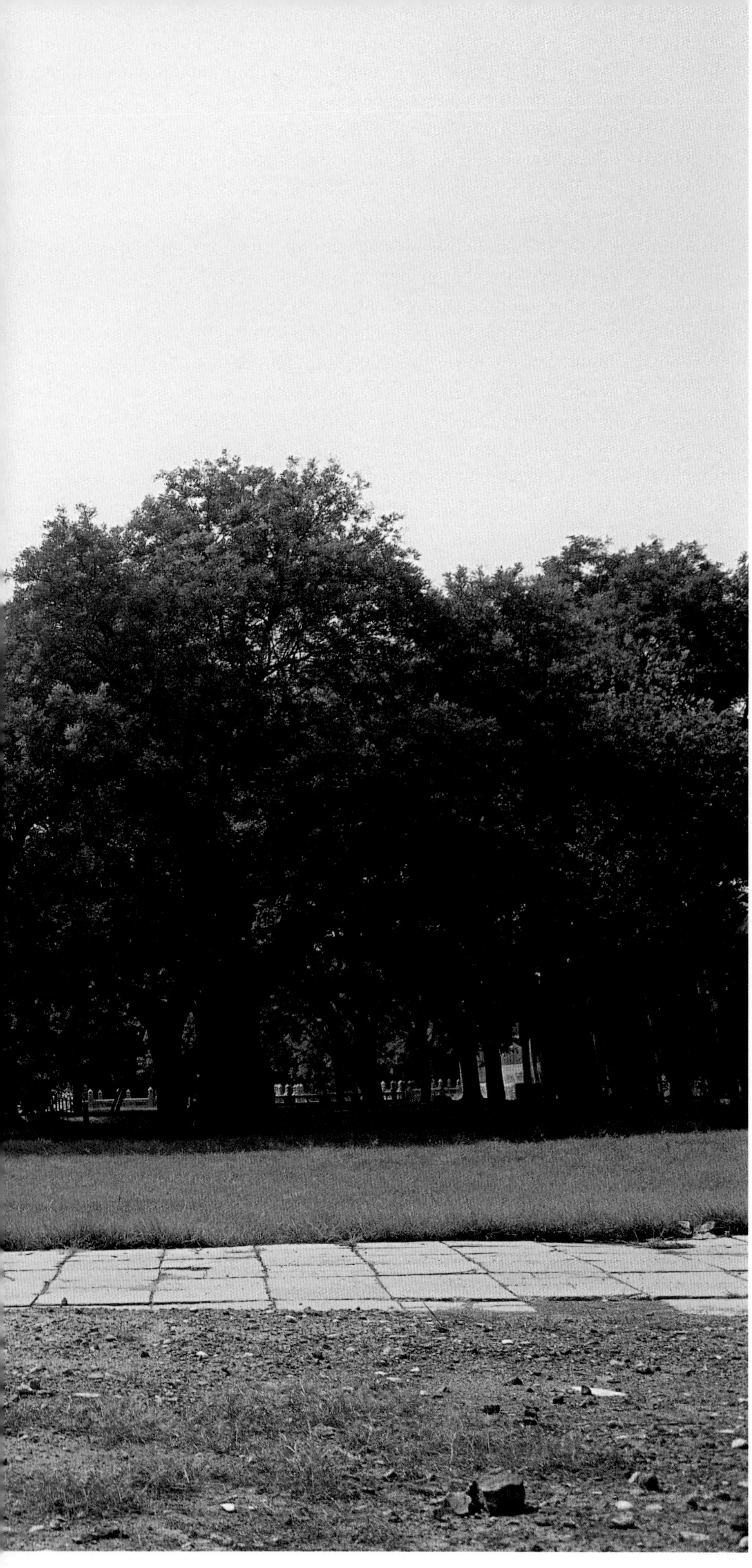

一二四、一二五、一二六、一二七　十八棵槐

一二九　斷虹橋欄板望柱

一二八　斷虹橋

一三〇　寧壽宮皇極門前九龍壁

一三一　寧壽門

一三二　寧壽門前鎦金銅獅

一三四　皇極殿木匾『仁德大隆』

一三三　皇極殿

一三七　皇極殿東廡

一三六　皇極殿前燈杆座

一三五　皇極殿旁垂花門

一三八　寧壽宮

一三九　寧壽宮東廡房

一四〇　養性門

一四一　暢音閣戲樓

一四二　暢音閣戲臺

一四三　養性殿

一四四　養性殿内毗盧帽門罩

灭火器箱

一四五　樂壽堂匾額

一四六　樂壽堂（前頁）

一四七　樂壽堂仙樓

一四八　樂壽堂仙樓隔扇細部（後頁）

露青宵月
似霜雲韶
何處奏祇
是在朝陽
萬樹江邊

一四九　頤和軒

一五〇　頤和軒圍廊雀替

一五一　頤和軒庭院中花壇

一五二　頤和軒西山墻外『如亭』

一五三　景祺閣

一五四　景祺閣廊子

一五五　景祺閣院景

一五六　景祺閣
院景（後頁

一五七、一五八、一五九　寧壽宮内山石盆景

清宫史迹陈列

一六〇　養性門

古華軒
古华轩

古華軒

一六三　古華軒前山石盆景

一六一　乾隆花園内古華軒（前頁）

一六二　古華軒

一六四　古華軒及軒外的古樹

一六五　古華軒外檐裝修及軒内匾

一六六　古華軒西側景

一六七　露臺

CHENG LU TAI

一六八　撷芳亭

一六九　矩亭

一七〇　遂初堂垂花門

一七一　垂花門前石獅

一七三　遂初堂匾額

一七二　遂初堂院景（前頁）

一七四　碧螺亭

一七五　玉粹軒

一七六　竹香館（後頁）

寒碧

一七八　倦勤齋院景

一七七　倦勤齋西望竹香館（前頁）

一七九　倦勤齋院景

一八〇　角樓

一八一　紫禁城北城墙

一八二　紫禁城南午門

圖版說明

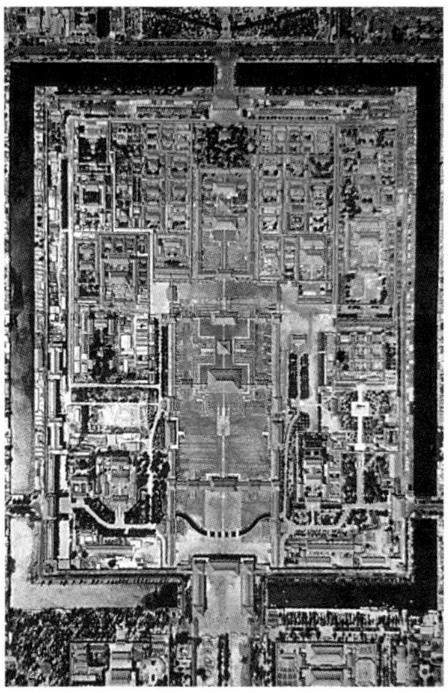

一　紫禁城總平面航拍圖

二　天安門華表

天安門是明清北京皇城的正門，門前後各有一對華表分列左右。華表常用于宮殿、陵墓、橋頭等處，起著增添氣勢的標志性作用。天安門前的華表，通體用漢白玉製成，上雕雲龍繞柱騰升。

三　午門

午門是宮城正門，建于永樂十八年（一四二〇年）。平面呈冂形，門前有雙闕，自古即爲宮城所特有的形制。正面城樓是紫禁城最高的建築，面闊九間，進深五間，重檐廡殿覆蓋黃琉璃瓦頂，以廊廡和四闕樓連接，所以又稱『五鳳樓』。

午門以城樓高聳，雙闕夾峙，形成警衛森嚴，威懾逼人的氣勢。

四　午門

五　午門外闕左門

位于午門前東側，是爲皇帝去太廟祭祖時進廟西門而設的。

六　午門外闕右門

在午門前西側和闕左門對稱的位置，是爲皇帝祭祀社稷壇時進壇北門而設的。

七　午門外端門内西廡房

明清故宮共占地七十二萬平方米，擁有一千多棟建築，總面積達十七萬多平方米。龐大的建築群，有一條和北京市主軸綫重合的中軸綫，可以分爲導引、主體、收束三部分。中軸綫兩側均以連檐通脊的廡房爲基本建築，隨軸綫空間序列逐漸變化，至太和殿達到高潮。午門外端門内居導引部分，廡房等級較低，建在一步臺階上，硬山頂覆蓋灰色布瓦。午門以内的廡房均爲黄琉璃布瓦。

八　午門外端門内東廡房

九　午門内

午門内的廣場有金水河蜿蜒横穿。金水河源于玉泉山，引入北京城後流進積水潭，一支經北海流入紫禁城護城河，自西北角城墻下地溝流入宫城内，沿城西墻内側南流，經武英殿前，再到太和門前，又幾經曲折經文淵閣、南三座門前等處，由城東南流出。内金水河全長二千多米。它不僅寓意天河銀漢，也不僅從美觀着眼，實際上是宫内最大的水源。另一支從積水潭流出，由中南海向東流入社稷壇，再南流到天安門前外金水河。

一〇 内金水河

内金水河在太和門前，有五座橋。中座爲御路橋，專供皇帝通行，橋長二十餘米，寬六米，兩側白石欄杆，雕雲龍紋望柱頭。東西門各兩座橋爲王公大臣、文武官員通行，橋的規格等級依次遞減。

一一 太和門

太和門是宮城外朝的正門，面闊九間，進深三間，重檐歇山，覆蓋琉璃瓦頂，坐落在白石雕欄杆的臺上。左右側各有昭德門、貞度門、作水平延伸的建築布局，形成穩定開闊的氣勢。

一二 太和門前銅獅

太和門前東西分列一對銅獅，并陳設有石亭、石匣。

一三　太和門內廣場

太和門迎面是太和殿，殿前廣場面積約三萬多平方米。大典時文武官員按規定的位置站立。

廣場地面上，除貫穿中央的巨石鋪砌甬路、嵌入兩側的『儀仗墩』外，別無裝飾點綴，素平的海墁磚地面，顯得格外開闊莊重，襯托出太和殿的崇高。

一四　太和殿

太和殿是皇帝即位、萬壽、元旦、冬至、大朝會、筵宴、命將出征等舉行大典時皇帝親臨的殿。面闊九間加側廊十一間，進深五間，面積二三七七平方米，重檐廡殿黃琉璃瓦頂，是全國古建築中開間最多、進深最大、屋頂最高的一座，裝修構造的規格也是最高的。（戚建偉　攝影）

一五　太和殿

一六　太和殿

一七　中和殿

中和殿位于太和殿與保和殿之間，是皇帝登臨太和殿或親祭等活動之前作準備暫時停留的殿。

一八　保和殿

太和殿、中和殿、保和殿被稱爲明清故宮外朝三大殿，均始建于明永樂十八年（一四二〇年）。保和殿面闊九間進深三間，重檐歇山頂覆黄琉璃瓦，殿内前檐減去金柱六根爲減柱式，東西梢間隔成暖閣。明時大典前皇帝在此更衣，清代每年除夕、上元節賜王公大臣宴，以及殿試在此舉行。順治、康熙兩帝曾經居住過保和殿。

一九　保和殿重檐歇山頂

二〇　紫禁城内的屋頂

二一　三臺

三臺自北向南呈『土』字形。面積約爲二萬五千平方米，中心高八・一三米，邊高七・一二米，全部用漢白玉石構成，共有三層。每層欄板望柱下伸出圓雕龍首，共一一四二個，從其口中排水，雨天可呈現千龍噴水的奇觀。這也是對有功能部分加以裝飾，所構成的藝術效果。

太和殿、中和殿、保和殿自南向北，依此排列在三臺中軸綫上。

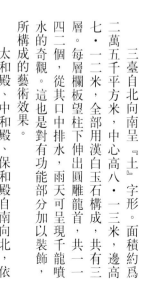

二二　三臺

二三　三臺

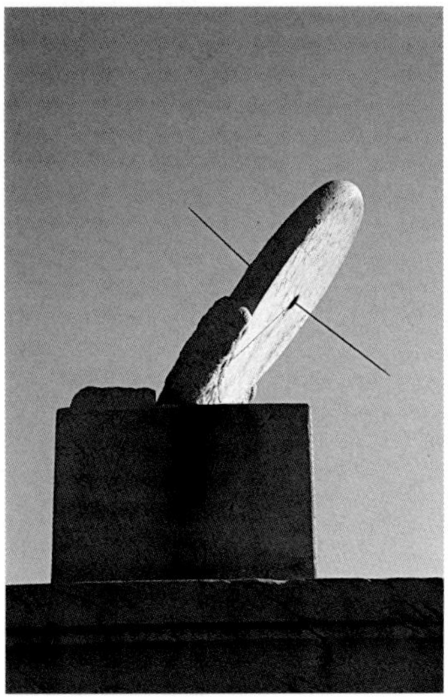

二四　三臺上的日晷

三臺南端凸出矩形丹墀，上陳設日晷、嘉量及銅龜、銅鶴各一對，臺階兩側擺着十八座鼎爐。

日晷是在石盤上刻出時刻，盤面上立銅針，利用太陽在石盤上映出的銅針投影指示時刻的計時工具。

二五　三臺上的日晷

二六　三臺上的銅龜鶴

二七　太和殿前西廡房及弘義閣

二八　太和殿前西廡房及弘義閣

二九　弘義閣

太和殿前東西兩側廡房間各立一座配殿，東側名體仁閣，西側名弘義閣。明初稱文樓、武樓。面闊九間，進深三間，高約二十五米，外觀是兩層，中有一暗層，重檐廡殿頂覆蓋黄琉璃瓦。配殿的規格如此之高是僅有的。

三〇　保和殿西側北望景山

三一　太和門内東側

太和門内東側是太和殿前的東南廡房，圖爲昭德門及東南崇樓。

三二　乾清門前銅獅

明清兩代共鑄銅獅七對，擺放在紫禁城内，其中以太和門前的最大。乾清門前的獅是銅製鎏金的。

三三　乾清門

乾清門兩邊各有斜牆如『八』字，又稱『撇山影壁』。在紫禁城内共有三處。除乾清門外還有太上皇居住的寧壽宮的寧壽門，慈寧宮的慈寧門。

三四　慈寧門

三五　慈寧門匾額

慈寧門匾額由漢滿蒙三種文字書寫。

三六　乾清宮

乾清宮始建于永樂十八年（一四二〇年）面闊九間，通長三十米，進深五間，長近十四米，建築面積一千四百多平方米。重檐廡殿覆蓋黄琉璃瓦頂。東西四梢間爲暖閣，盡間爲穿堂，殿前月臺左右設銅龜、鶴各一，另有嘉量、日晷、鎏金鼎爐四座。月臺下東西各有社稷江山小金殿一座。明代是皇帝的

寢宮，清康熙時沿明制，至雍正時移居養心殿，改爲皇帝召見大臣，批閱奏摺，處理日常政務及舉行宴會的場所，皇帝新喪梓宮安于此祭奠。

三七　乾清宮

三八　乾清宮内寶座

三九　乾清宮前嘉量

四〇　乾清宮前銅鼎爐

四一　乾清宮庭院内燈杆座

乾清宮丹陛上下各有兩燈杆石座，每年陰曆十二月二十四日豎杆，元旦至正月十八日前，按規定的日子出燈。

四二　乾清宮庭院内太平缸

太平缸是儲藏水備滅火的容器。紫禁城内共有三百多口缸，爲明清兩代所造。明代鑄造的有鐵缸、銅缸及鎏金銅缸，有四耳或兩耳，耳上加鐵環。清代大都是銅缸或鎏金銅缸，有鋪首及銅環。太和殿、保和殿、乾清門前鎏金銅缸是清代鑄造，每口重約二噸，金約百兩。八國聯軍入侵時，把上面的金刮走，現仍可看到刀痕。

四三　交泰殿

位于乾清宫及坤寧宫之間，形制和中和殿相似，建于明嘉靖年間，深廣各三間，内設皇后寶座。皇后千秋節在此受賀禮，春秋祭先蠶，前一天在此閱視采桑工具。

四四　坤寧宫

始建于永樂十八年（一四二〇年）。明代是皇后居住的正宫。面闊九間，進深三間，重檐廡殿覆黄琉璃瓦頂，清代改爲吊搭窗，在東次間設板門，室内部設蔓枝炕、祭神的煮肉大鍋、薩滿祭祀場所。西部爲皇帝大婚的洞房。

四五　西一長街

乾清門迤西，自内右門向北至坤寧宫門迤西長康右門的一條南北向長街。街東側爲後三宫，西側爲西六宫，東側第一座門鳳彩門可通乾清宫所在的庭院。

四六　西一長街鳳彩門

乾清宮西端隨墻小門，門祇占一間房的三分之二，三分之一是仿木結構的防火墻。

四七　東一長街

自內左門向北至坤寧門的迤東長康左門的南北長街。位于後三宮東側，和西一長街相對的位置。街西爲後三宮，街東爲東六宮。

四八　長康左門

東一長街北端的門，門外小屋是值房。

四九　内右門

位于乾清門迤西，西一長街南端的門，是通向養心殿和西六宮的主要出入口，凡内官及軍機大臣、南書房翰林、内務府大臣等均走此門。

五〇　乾清宮庭院内廡房

乾清宮内東南角廡房，原是御茶膳房、祭孔處及皇子讀書的書房所在。

五一　乾清宮庭院内東廡房

五二　日精門

位于乾清宮東廡中部。屋宇式大門，可通往東一長街，和西廡中部的月華門相對應。

五三　鍾粹宮

鍾粹宮是東六宮之一，建于明代，晚清時增加了垂花門、游廊等成爲現狀。明代是嬪妃的居所，曾爲太子宮，清代爲后妃所居，咸豐幼年曾住在此，慈禧及光緒的皇后也曾在此住過。

五四　鍾粹宮院景

鍾粹宮前院西配殿門上木匾爲『綏萬邦』，楹聯爲『鱗游鳳舞中天瑞，日朗風和大地春』。

五五 鍾粹宮院景

圖爲鍾粹宮後院西配殿。

五六 鍾粹宮院景

圖爲鍾粹宮内井亭，位于後殿院内西南。

五七 景陽宮院景

東六宮之一，前殿庭院与後殿庭院以卡墻分隔，墻上開小門穿行。

五八　東六宮横巷

東六宮和西六宮，宮外四周都有圍墻，宮門前東西有横巷串聯，南北向有長街貫通，圖爲在鍾粹宮和景陽宮門前的横巷。

五九　螽斯門内

六〇　太極殿影壁

太極殿是西六宮之一，原名未央宮，明嘉靖時改名啓祥宮，晚清時又改名爲太極殿。咸豐時改建，將兩進院中的後院正殿改爲穿堂，和長春宮連成四進院。長春宮曾是慈禧的寢宮。

六一　體元殿

原爲太極殿的後殿，改爲穿堂之後，又在北檐外接抱廈作爲宮中演戲的小戲臺。楹聯上寫有『西山濃翠迎朝爽，南陸微熏送午凉』，門上木匾爲『境靜清心』。

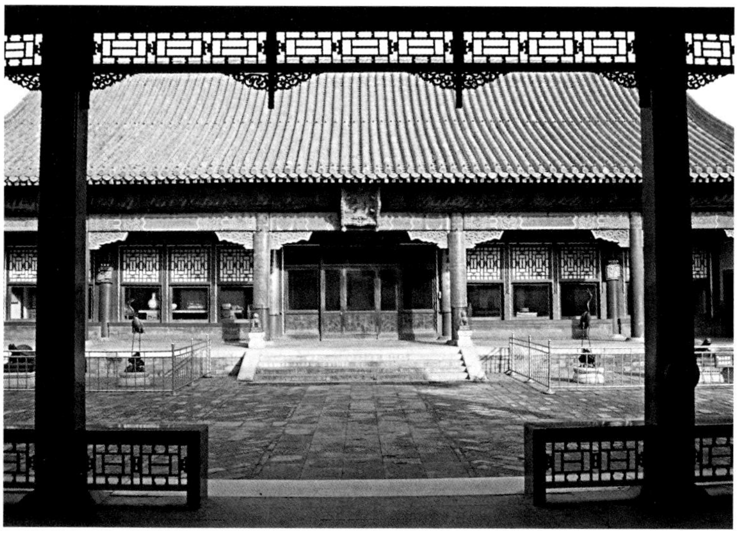

六二　長春宮

面闊五間，黃琉璃瓦歇山式屋頂。明代爲嬪妃的寢宮，清朝爲后妃住處，乾隆時孝賢皇后住在此宮。同治、光緒年間，慈禧居住此宮數年。

檐柱楹聯爲『月傍九霄衆星齊北拱，山呼萬歲爽靄自西來』。金柱楹聯爲『風雨和甘調六幕，星雲景慶映三階』。門上木匾爲『心正性』。

六三　長春宮內景

長春宮內西梢間靠北墻設炕，是寢室。炕前設毗盧帽炕罩。（引自《紫禁城宮殿建築裝飾·內檐裝修圖典》）

六四　長春宮內景

圖爲長春宮室內紫檀鑲玻璃鏡插屏式推拉門。（引自《紫禁城宮殿建築裝飾·內檐裝修圖典》）。

六五　壽康宮內景

圖爲壽康宮內冰裂梅夾紗落地罩。（引自《紫禁城宮殿建築裝飾·內檐裝修圖典》）。

六六　絳雪軒內景

圖爲絳雪軒內楠木透雕牡丹花捲草壽石圓光罩。引自《紫禁城宮殿建築裝飾·內檐裝修圖典》）。

六七　怡性軒

怡性軒爲體元殿前東配殿。

六八　自長春宮望雨花閣

雨花閣是宮中藏傳佛教佛堂之一。明爲三層，實爲四層，內有一暗層，外形爲閣式建築，四角攢尖頂，覆蓋銅鍍金筒瓦及板瓦，四垂脊各爲一條金行龍，鍍金寶頂，具有濃厚的西藏建築色彩。

六九　翊坤宮影壁

翊坤宮爲西六宮之一，明朝建時，爲前後殿兩進院，晚清將後殿改爲穿堂，和北面的儲秀宮連通，成爲現在的四進院。

七〇　翊坤宮匾額楹聯

前檐木匾『履祿綏後』，楹聯『寶瑟瑶琴蟠桃千歲果，琪花芝草温樹四時春』。金柱楹聯爲『松牖樂春長既安且吉，蘭陔宜晝永日壽而康』。

七一　體和殿

體和殿原爲翊坤宮後殿，清朝改爲前後開門的穿堂，中一間爲過道，東二間連通，是慈禧住儲秀宮時用作進餐的地方，西二間爲餐後喝茶的休息室。

門上木匾『翔鳳爲林』，楹聯『九有慶光華日月所照，三無昭怙冒天地同流』。大意是：九州慶賀得到光華，是日月所普照；天地日月是無私地佑福衆生。

七二　體和殿室内花罩

七三　體和殿東配殿

門上木匾『平康室』，楹聯『錦秀春明花富貴，琅玡木報竹平安』。殿前南側是遺留的井亭臺階。

七四　麗景軒竹紋框鑲玻璃門

麗景軒在儲秀宮以北，慈禧爲懿妃時在此生下同治載淳。

七五　吉祥門

養心殿北圍墻東側隨墻小門，門外爲西六宮東西横街，再往北進螽斯門可到西六宮。

七六 養心殿影壁

七七 養心殿前殿内寶座

七八 養心殿前殿東次間垂簾聽政處

七九　養心殿内圓光罩

八〇　儲秀宮内景

圖爲儲秀宮西梢間木雕萬福萬壽邊框鑲大玻璃隔斷。

八一　御花園内雪中的萬春亭

御花園位于紫禁城中軸綫北端。園中景物如同外朝内廷，仍然采用對稱布局，是明清兩代皇后嬪妃玩賞休憩的御園。

萬春亭，平面爲方形，四出抱廈，上層是圓攢尖頂，下層隨抱廈出檐，上圓下方，是宮中最華麗的亭子。按陰陽五行學説的關係，東方主生，從匾額可以認出亭子位于園中東側。

八二　御花園千秋亭

亭子的造型和萬春亭基本一致，從匾額可以認出，它和萬春亭居于對稱的位置。西方主收，秋天莊稼、花果均結子，含有世代延續不斷的寓意。

八三　浮碧亭

明初是建在水上的一座方亭，清朝在亭的南面加建抱廈，成現狀。從亭匾可以認出是位于 東方并浮在水面上。

八四　澄瑞亭

位于御花園西側，和浮碧亭以欽安殿爲軸綫對稱。匾額含意也相對應，原來也祇是建在水池上的方亭，後加抱廈。

八五　御花園内井亭

紫禁城内有許多井亭。但御花園内的井亭外觀美麗，構造特殊。平面四方形，亭頂轉變爲八方形，采用擔梁挑起檐上多出四角的荷載，亭頂留有八方的露天洞口。

八六　養性齋

位于御花園内西南隅，西依園墻，前有叠石環抱，凌霄穿繞山石，海棠、龍爪棗伫立台階前，環境清幽，景致典雅。在這裏，溥儀曾隨莊士敦學習英語。

八七　雪中養性齋

八八　御花園園景

八九　御花園園景

從漱芳齋北望玉翠亭，亭頂用藍、綠、黃三色琉璃瓦交錯覆蓋如棋盤格，是宮內少有的做法。

九〇　御花園內柏樹

御花園內古木參天，其中九成以上是松柏，樹齡最大的超過五百年。柏樹以行植爲主，規整中又疏密相間，亭閣穿插在其間，并點綴以山石盆景，仍然不失中國古典園林的自然情趣。

九一 御花園内古樹

九二 御花園内行植柏樹

九三 御花園内行植柏樹

九四　御花園内行植柏樹

九五　御花園内連理柏

九六　御花園内連理柏

九七　御花園内松樹

九八　御花園内雪後龍爪槐

九九　御花園園景

御景亭位于御花園堆秀山上，明代帝后九九重陽節在此登高。

一〇〇　御花園内山石盆景

御花園中陳設有許多天然形成的珍貴山石盆景，它們以獨具的姿態、質感、色彩、紋理等抽象的美感取勝，顯示了中國藝術審美的獨特意趣。

一〇一　御花園内山石盆景

一〇二　御花園内山石盆景

絳雪軒前陳設的木化石，上刻有乾隆《咏木化石》五言詩。

一〇三　御花園内山石盆景

一〇四　御花園内山石盆景

這是一組以石笋、竹、黑牡丹構成的景點。

一〇五　慈寧宮門前銅獸

宮中庭院陳設的藝術品具有鮮明的特點，選取的題材多有象徵性，祈求祥瑞平安，帶有一定的『圖騰崇拜』意識。藝術創作極富『寫意原則』，强調以形寫神而非實物的寫生。

慈寧宮前銅獸名麒麟，古代把它當作瑞獸，認爲可以送來貴子，和龍鳳一樣成爲神异的形象。

一〇六　長壽宮庭院中陳設——銅龜、鶴

一〇七　儲秀宮庭院中陳設——銅鹿

一〇八　儲秀宮庭院中陳設——銅龍

一〇九　儲秀宮庭院中陳設—銅鳳凰

鳳凰在宮中象徵皇后，常与龍相配或單獨出現在彩畫、雕刻以及其他裝飾中。

一一〇　御花園内銅象

御花園北側崇光門内有一對銅象。象是皇帝儀仗隊伍組成内容之一，俗語『太平有象』，意爲天下太平，五穀豐登。

一一一　御花園内銅鼎爐

位于天一門前。

一一二　養心殿前銅鼎爐

宮內室外陳設不少銅鼎爐，它們造型并不完全相同，養心殿前的和天一門前的以及太和殿前的區別十分明顯。

一一三　三臺上銅鼎爐

一一四　頤和軒庭院中陳設

一一五　倦勤齋庭院中陳設

一一六　御花園内白皮松

紫禁城内有古樹約四百多株，其中有三百年以上的一級樹，也有二百年以上的二級樹。若干樹種越老越是姿態古怪奇异。圖爲欽安殿前的白皮松，根部外露，偃卧如龍，針葉濃緑，樹幹斑斕。

一一七　慈寧花園内銀杏樹

一一八　寧壽門前古松

寧壽門西側的油松，樹高五米，胸徑〇·六米，樹冠徑十五米，用支架支撐，地面上投影面積近二百平方米。

一一九　御花園内竹

一二〇　文華門前竹

一二一　摛藻堂前古柏

摛藻堂位于御花園北園墻内，是宮中藏書的地方，曾貯《四庫全書薈要》。堂前西側有一棵古柏樹，乾隆有《古柏行》一詩：『摛藻堂邊一株柏……閲壽少當四百年』。據説乾隆去江南巡視，一路總覺有樹陰遮凉，于是歸功于此樹，比爲世臣，視爲神樹。嘉慶也賦有《古柏尋》一詩：『古柏希清蔭，悲含寸草心，先皇遺澤後，雨露億年深』。一棵古柏縈繞著父子兩代皇帝的深情，此樹現在算來已有約六百年。

一二二　摛藻堂前古柏

一二三　摛藻堂雪景

一二四　十八棵槐

熙和門外以北，武英殿東，有一片樹林，是明代所植的十八棵槐樹，成爲宮中惟一具有自然情趣的綠地。

一二五　十八棵槐

一二六　十八棵槐

一二七　十八棵槐

一二八　斷虹橋

斷虹橋在十八棵槐以南。橋面鋪砌漢白玉石，欄板雕有穿花雲龍圖案，望柱是神態各异的石獅。因石雕的風格與宮內明清製作的不同，有人認爲是元代遺物。橋名也不見文字記載，斷虹橋僅是後來的俗稱。圖爲從十八棵槐西望斷虹橋。

一二九　斷虹橋欄板望柱

一三〇　寧壽宮皇極門前九龍壁

寧壽宮位于紫禁城東北部，是乾隆爲歸政後頤養天年而建造的宮殿。宮門稱皇極門。九龍壁是門前的琉璃影壁，因壁面上有九條龍騰躍嬉戲在海上而得名。

一三一　寧壽門

寧壽門兩側有撇山影壁，形制和乾清門相似。

一三二　寧壽門前鎏金銅獅

獅以秉性精明且忠直，勇猛慓悍，多列于門兩旁，視同守衛。

一三三　皇極殿

寧壽宮的規劃思想仍以中軸綫上的前朝後寢爲中心，一如太和門內的外朝三大殿及內廷後三宮，但總體布局有所改變。皇極殿是臨朝受賀的殿，面闊九間，進深五間，也是九五之尊的規格。

明間懸挂匾額楹聯，檐柱上寫有『寶祚鞏皇圖環瀛介嘏，祥雯輝紫極璇閣凝厘』。金柱上寫有『八表被慈徽梯航景化，百昌徵聖壽蓂莛書祥』。

一三四　皇極殿木匾『仁德大隆』

一三五　皇極殿旁垂花門

皇極殿東西兩旁各有一座垂花門，將皇極殿和寧壽宮所在的庭院分隔成前後兩進。垂花門一般用于較大型住宅中，因前後檐四角的柱子下部懸空，并在柱頭上做成蓮花，因此叫垂花門。

一三六　皇極殿前燈杆座

皇極殿前丹墀東西各有一座燈杆座，分別位于丹墀上下，與乾清宮前的用途一樣。

一三七　皇極殿東廡

在寧壽宮中，僅是皇極殿和寧壽宮（寢宮）圍繞以前出廊連檐通脊的廡房，相似中軸綫上外朝內廷的做法。養性門以北各院布局比較靈活，富有生活氣息。

一三八　寧壽宮

爲乾隆歸政後的寢宮，面闊七間，進深三間，單檐歇山式頂，規制仿坤寧宮，東次間設板門、吊搭窗，後檐建烟筒，是依照滿族習俗及建築特點建的。

一三九　寧壽宮東廡房

寧壽宮東廡向北望，北端的屋頂依次是暢音閣、扮戲樓和暢音閣戲臺。

一四○　養性門

養性門位于寧壽宮以北，門内共分三路，中央有養性殿、樂壽堂、頤和軒、景祺閣等；東路有暢音閣戲樓、慶壽堂、景福宮等處；西路是寧壽宮西花園，也稱乾隆花園。建築布局及設計均與明代所建的風格有所不同，具有清乾隆時期的特點。

一四一　暢音閣戲樓

戲樓位于養性門東，是宮中最大的演戲場所。圖爲從養性殿院中望暢音閣戲樓。

一四二　暢音閣戲臺

戲臺共三層，上層稱『福臺』；中層稱『祿臺』；下臺稱『壽臺』。三層臺可容演員千人，壽臺上有天井，下有地井，演員可由此升降。

一四三　養性殿

養性殿是寧壽宮後區中路的正殿，仿養心殿規制，但體量較小，前有抱廈，東西有配殿。乾隆四十六年，（一七八一年）弘曆曾在養性殿賜宴。

一四四　養性殿内毗盧帽門罩

一四五　樂壽堂匾額

乾隆時期建的宮殿，内外檐裝修具有彩繪絢麗、金壁輝煌的特點。匾額上有貼金雕龍裝飾，雀替也是雕龍貼金。

一四六　樂壽堂

它是仿圓明園三園中長春園内『淳化軒』規制建的寢宮。室内明間次間二層有仙樓。内檐裝修的隔扇、天花等多用楠木、紫檀木做成，不加油彩。室内空間渾然一體，雕刻精細，鑲嵌寶石、景泰藍等珍貴物品，袒露天然色彩及質感，表現了乾隆時期所建宮殿内檐裝修的特點：高貴精緻，纖巧細膩，和同時期歐洲的洛可可風格有相似之處。西山墻闢窗，可觀望花園。

一四七　樂壽堂仙樓

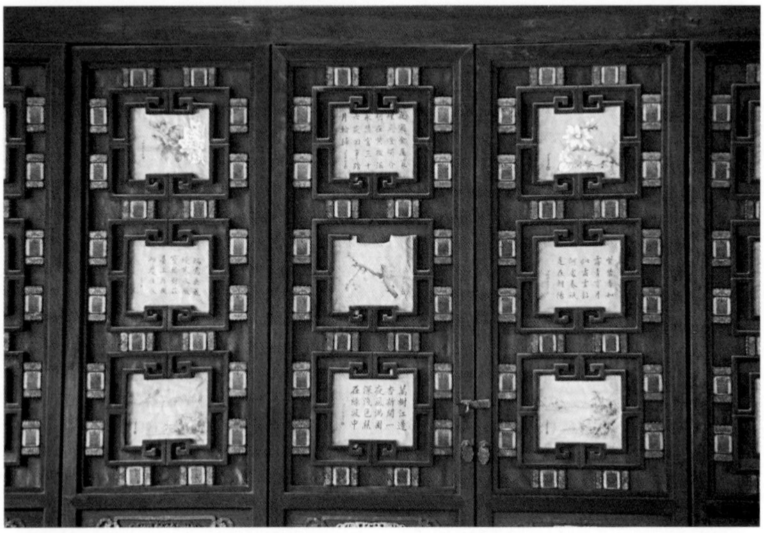

一四八　樂壽堂仙樓隔扇細部

一四九　頤和軒

軒前有甬路和樂壽堂相接，軒後有穿廊和景祺閣連通。西山墻外有二層小戲臺，名曰『如亭』，三面圍墻，墻上開漏窗，和乾隆花園內景物隔窗相望。

一五〇 頤和軒圍廊雀替

一五一 頤和軒庭院中花壇

一五二 頤和軒西山墻外『如亭』

一五三　景祺閣

景祺閣是寧壽宮北部中路最後一座主要宮殿，面闊七間，進深三間，東盡間設有樓梯通二層。

一五四　景祺閣廊子

一五五　景祺閣院景

景祺閣庭院内保存有清代種植的臘梅，現在每年十月、十一月間開花。開花時异香撲鼻，溢滿庭院。

一五六　景祺閣院景

寧壽宮北部中路的幾進庭院，布局各有特點。養心殿是四合院形式的典型居住環境。樂壽堂則庭院寬敞，四周圍繞著迴廊，廊間墻壁嵌『敬勝齋帖』石刻，帶有濃厚的文墨氣息。頤和軒的庭院相似樂壽堂的後院，但較小，且東西寬，中間有甬路，兩側點綴花壇。景祺閣游廊曲折，花木交柯，幽深的庭院裏清代種植的臘梅現在仍然開花。

一五七　寧壽宮内山石盆景

欣賞山石是皇家及文人墨客的一種喜好，紫禁城室外陳設的山石盆景除御花園外，寧壽宮是最多的。

一五八　寧壽宮内山石盆景

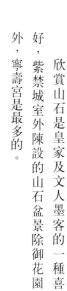

一五九　寧壽宮内山石盆景

一六〇　養性門

養性門西望乾隆花園，高出院墻的亭子是擷芳亭。

一六一　乾隆花園内古華軒

乾隆花園位于寧壽宮北部，又名寧壽宮西花園，占地狹長，東西寬不足四十米，南北長一百六十米，共有五進院落，景色各异。

古華軒位于第一進院落，軒居中，亭、臺、游廊穿插其間，充滿了文靜清幽的氣息。（戚建偉　攝影）

一六二　古華軒

一六三　古華軒前山石盆景

一六四　古華軒及軒外的古樹

一六五　古華軒外檐裝修及軒内匾

古華軒裝修以楠木本色爲主，尤以天花楠木雕刻的百花圖案和金柱間透空燈籠落地罩最爲精緻、古雅。軒内懸挂著刻有乾隆《古華軒》詩詞的木匾。

一六六　古華軒西側景

一六七　露臺

位于古華軒前東側

一六八　擷芳亭

古華軒所在的庭院中，以游廊分隔出另一小院。擷芳亭位于該院的東南角，高出院墻，可以眺望養性齋。

一六九　矩亭

和擷芳亭在同一小院內，位于西側和北側兩廊交接處，和擷芳亭遥相呼應。亭內天花是用篾皮編製的席，纖細精緻，是宮中僅有的。

一七〇　遂初堂垂花門

遂初堂是乾隆花園第二進院落，三合院式的庭院以遂初堂爲正房。含義祈求能遂初願，得以于在位六十年後歸政。

一七一　垂花門前石獅

一七二　遂初堂院景

遂初堂的建築風格是要表達乾隆禪讓隱退後頤養天年的心意。在簡樸的住宅式庭院中，以數株柏樹和一叢箬竹幾塊山石裝點，疏朗清雅，安謐幽靜。

一七三　遂初堂匾額

青底金字的木匾，没有皇宮專有的裝飾。

一七四　碧螺亭

位于乾隆花園第四進院落内的假山上。亭平面爲五瓣梅花形，裝飾均采用梅花爲題材。乾隆愛梅，但北方栽種梅花不易，自符望閣往下看，碧螺亭恰在目中，成爲永不雕謝的梅花。

一七五　玉粹軒

位于乾隆花園内第四進院落内，符望閣西側，軒的後檐墻有通道，通道北連竹香館南側的斜廊，再往北經竹香館可到倦勤齋西端的小戲臺。

一七六　竹香館

位于乾隆花園第五進院落西側，下層隱于假山中，内有樓梯通上層，上層兩側有斜廊直達庭院，又可通往倦勤齋西端。建築玲瓏小巧，極富情趣。（戚建偉　攝影）

一七七　倦勤齋西望竹香館

一七八　倦勤齋院景

倦勤齋位于乾隆花園最北處，在符望閣之後。

一七九　倦勤齋院景

一八〇 角樓

一八一 紫禁城北城墻

一八二 紫禁城南午門

中國美術分類全集

中國建築藝術全集

第2卷 宮殿建築（二）（北京）

圖書在版編目(CIP)數據

中國建築藝術全集(2)宮殿建築(2) 北京／茹競華編著. —北京:中國建築工業出版社，2002.4
（中國美術分類全集）
ISBN 7-112-04788-9
I. 中… II. 茹… III. ①建築藝術－中國－圖集 ②故宮－建築藝術－圖集 IV.TU-881.2

中國版本圖書館CIP數據核字 (2001) 第051942號

中國建築藝術全集編輯委員會 編
本卷主編 茹競華
出版者 中國建築工業出版社
（北京百萬莊）

責任編輯 王伯揚
總體設計 雲 鶴
本卷設計 顧咏梅
印製總監 楊一貴
製版者 北京利豐雅高長城製版中心
印刷者 利豐雅高印刷（深圳）有限公司
發行者 中國建築工業出版社
二〇〇二年四月 第一版 第一次印刷
書號 ISBN 7-112-04788-9 / TU · 4269(9033)
國内版定價三五〇圓